U0004392

【160種生活裡隨處可見的樹木果實全圖鑑】

你認識這些

嗎？

樹

Do you know about —

THESE TREES

◇植物生態學家◇ 多田多惠子 編著　　◇園藝研究家◇ 陳坤燦 審訂／婁愛蓮 譯

樹木果實
圖鑑

小葉胡頽子
▶ p.92

日本南五味子
▶ p.128

東瀛珊瑚
▶ p.95

《 動物和鳥類食用的果實 紅色系 》

枸杞
▶ p.111

朴樹
▶ p.41

日本辛夷
▶ p.44

莢蒾
▶ p.144

刻脈冬青
▶ p.83

鐵冬青
▶ p.83

山桐子
▶ p.93

紅果金粟蘭
▶ p.56

梔子花
▶ p.109

多花胡頽子
▶ p.92

窄葉火棘
▶ p.67

南蛇藤
▶ p.135

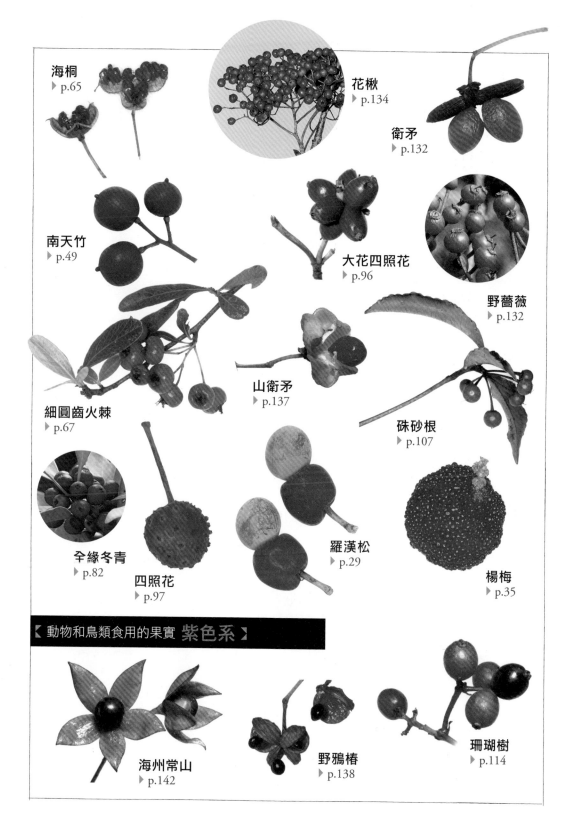

海桐
▶ p.65

花楸
▶ p.134

衛矛
▶ p.132

南天竹
▶ p.49

大花四照花
▶ p.96

野薔薇
▶ p.132

細圓齒火棘
▶ p.67

山衛矛
▶ p.137

硃砂根
▶ p.107

傘緣冬青
▶ p.82

四照花
▶ p.97

羅漢松
▶ p.29

楊梅
▶ p.35

◀ 動物和鳥類食用的果實 紫色系 ▶

海州常山
▶ p.142

野鴉椿
▶ p.138

珊瑚樹
▶ p.114

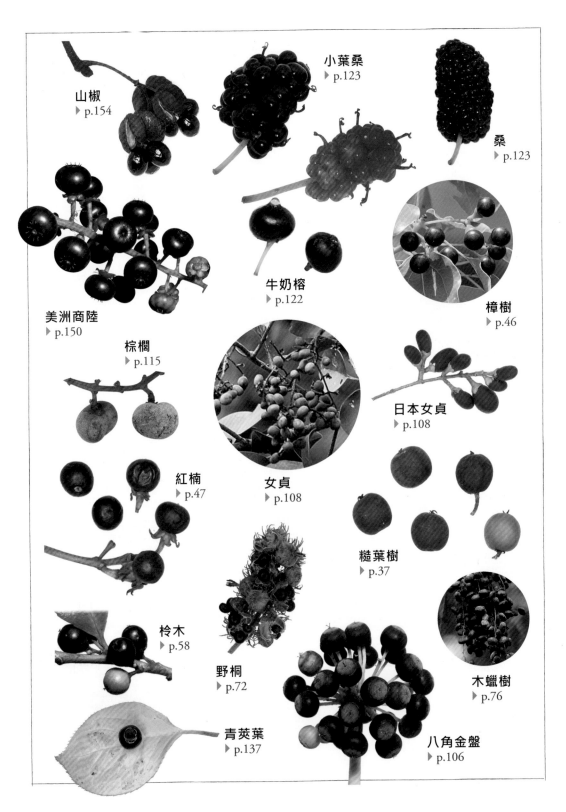

山椒
▶ p.154

小葉桑
▶ p.123

桑
▶ p.123

牛奶榕
▶ p.122

樟樹
▶ p.46

美洲商陸
▶ p.150

棕櫚
▶ p.115

日本女貞
▶ p.108

紅楠
▶ p.47

女貞
▶ p.108

糙葉樹
▶ p.37

枀木
▶ p.58

野桐
▶ p.72

木蠟樹
▶ p.76

青莢葉
▶ p.137

八角金盤
▶ p.106

書帶草
▶ p.150

石斑木
▶ p.48

十大功勞
▶ p.68

紫珠
▶ p.110

日本紫珠
▶ p.110

三葉木通
▶ p.129

【 動物和鳥類食用的果實 黃色系 】

銀杏
▶ p.28

苦楝
▶ p.75

懸鉤子
▶ p.133

槲寄生
▶ p.124

木瓜
▶ p.131

日本木瓜
▶ p.131

槐樹
▶ p.69

木天蓼
▶ p.130

軟棗獼猴桃
▶ p.130

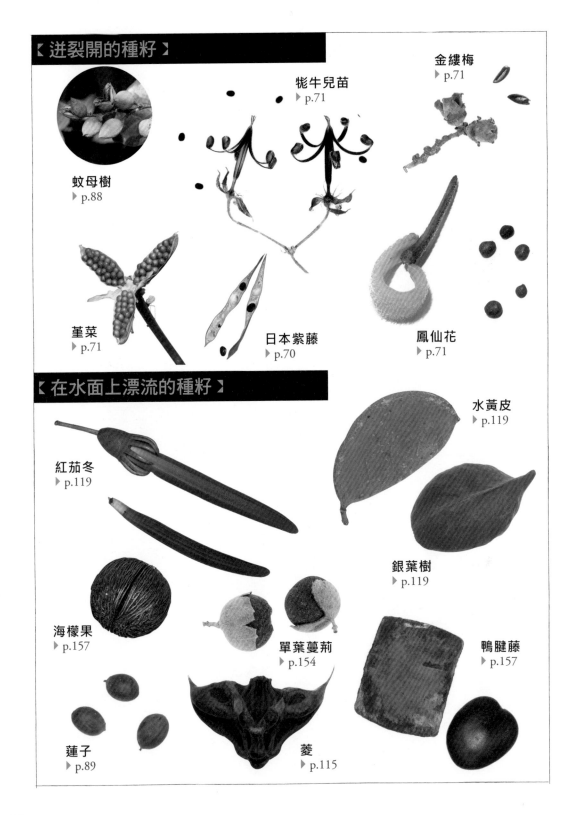

【 迸裂開的種籽 】

恗牛兒苗
▶p.71

金縷梅
▶p.71

蚊母樹
▶p.88

菫菜
▶p.71

日本紫藤
▶p.70

鳳仙花
▶p.71

【 在水面上漂流的種籽 】

水黃皮
▶p.119

紅茄冬
▶p.119

銀葉樹
▶p.119

海檬果
▶p.157

單葉蔓荊
▶p.154

鴨腱藤
▶p.157

蓮子
▶p.89

菱
▶p.115

日本楓
▶ p.77

疏花千金榆
▶ p.36

青桐
▶ p.84

三角楓
▶ p.77

啤酒花
▶ p.154

鵝掌楸
▶ p.43

櫸樹
▶ p.59

日本椴
▶ p.78

省沽油
▶ p.139

三葉楓
▶ p.85

臭椿
▶ p.74

凌霄花
▶ p.85

楓香
▶ p.64

二球懸鈴木
▶ p.60

北美楓香
▶ p.64

南京椴
▶ p.78

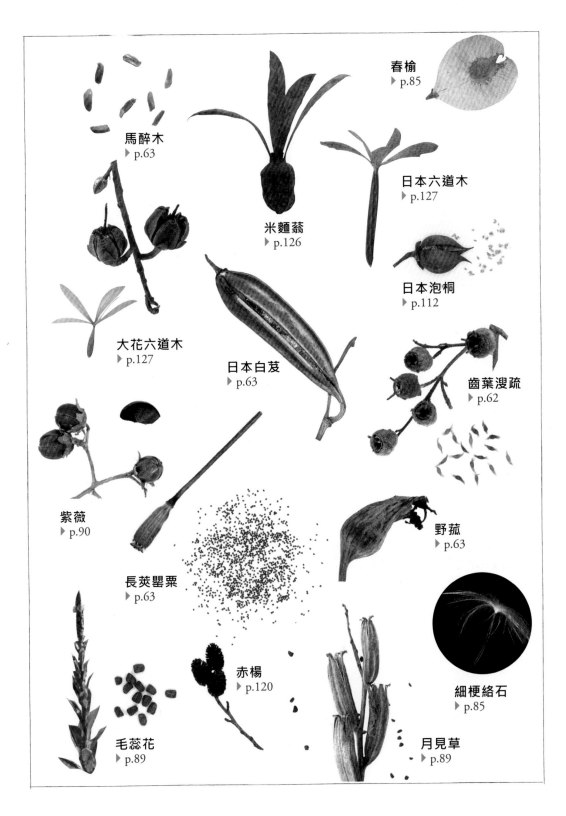

馬醉木
▶ p.63

春榆
▶ p.85

日本六道木
▶ p.127

米麵蓊
▶ p.126

日本泡桐
▶ p.112

大花六道木
▶ p.127

日本白芨
▶ p.63

齒葉溲疏
▶ p.62

紫薇
▶ p.90

野菰
▶ p.63

長莢罌粟
▶ p.63

細梗絡石
▶ p.85

毛蕊花
▶ p.89

赤楊
▶ p.120

月見草
▶ p.89

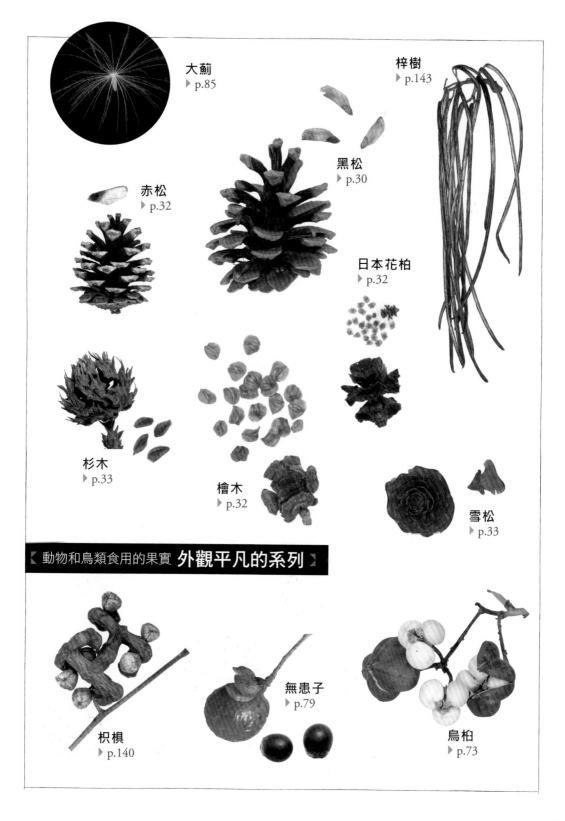

大薊
▶ p.85

梓樹
▶ p.143

黑松
▶ p.30

赤松
▶ p.32

日本花柏
▶ p.32

杉木
▶ p.33

檜木
▶ p.32

雪松
▶ p.33

【 動物和鳥類食用的果實 **外觀平凡的系列** 】

枳椇
▶ p.140

無患子
▶ p.79

烏桕
▶ p.73

《堅果─橡實》

野茉莉
▶ p.98

茶樹
▶ p.99

歐洲七葉樹
▶ p.99

榧樹
▶ p.34

毛榛
▶ p.121

日本七葉樹
▶ p.80

野胡桃
▶ p.118

日本山茶
▶ p.57

扁桃（仁）
▶ p.155

腰果
▶ p.155

歐榛
▶ p.155

美國山核桃
▶ p.155

落花生
▶ p.155

澳洲胡桃
▶ p.155

開心果
▶ p.155

山核桃
▶ p.156

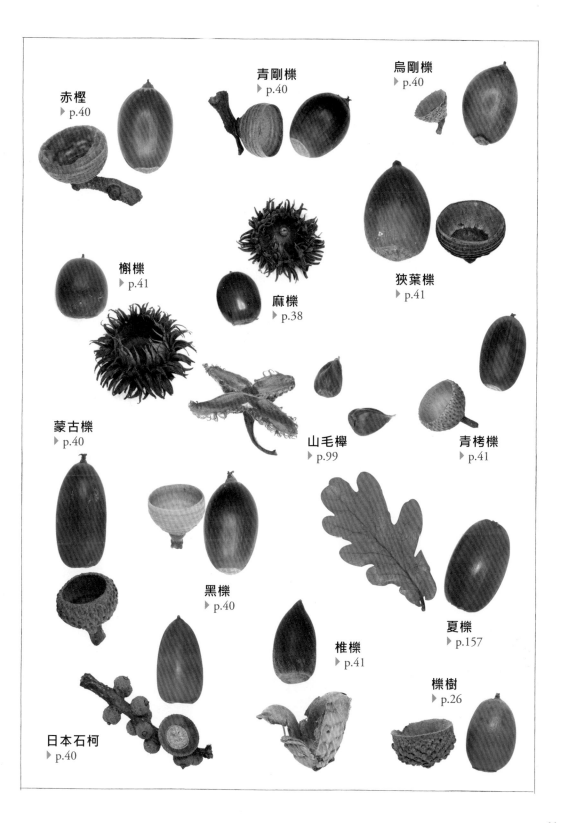

赤樫
▶ p.40

青剛櫟
▶ p.40

烏剛櫟
▶ p.40

槲櫟
▶ p.41

麻櫟
▶ p.38

狹葉櫟
▶ p.41

蒙古櫟
▶ p.40

山毛櫸
▶ p.99

青栲櫟
▶ p.41

黑櫟
▶ p.40

椎櫟
▶ p.41

夏櫟
▶ p.157

櫟樹
▶ p.26

日本石柯
▶ p.40

【黏人精】

牛膝
▶ p.151

龍牙草
▶ p.151

鬼針草
▶ p.151

日本
水楊梅
▶ p.151

狼杷草
▶ p.151

蒼耳
▶ p.151

金線草
▶ p.151

透骨草
▶ p.151

狼尾草
▶ p.151

【國外的樹木果實】

胭脂樹
▶ p.147

火龍果
▶ p.156

榴槤
▶ p.157

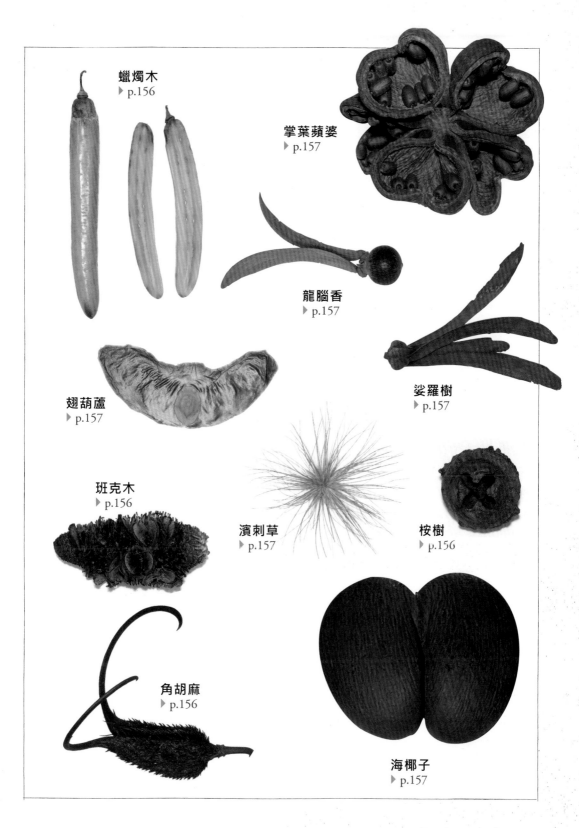

蠟燭木
▶ p.156

掌葉蘋婆
▶ p.157

龍腦香
▶ p.157

翅葫蘆
▶ p.157

娑羅樹
▶ p.157

班克木
▶ p.156

濱刺草
▶ p.157

桉樹
▶ p.156

角胡麻
▶ p.156

海椰子
▶ p.157

CONTENTS

② 山林河邊隨處可見的樹木果實

3 果實的種種用途

後記

銀杏果之謎

臭烘烘的果實，誰敢吃？將來萌芽

秋天是銀杏果最美味的時節。

銀杏樹有分雌雄，雌株結成銀杏果（也稱白果）。剛採集的銀杏果帶著一股酸臭味，表皮呈黃色。

這層皮不僅僅帶有微微臭味，還含有過敏原（Allergen）物質，皮膚一接觸到就容易引起斑疹。如果徒手撿拾、清洗銀杏果，情況會更加嚴重。手部以及臉部，嚴重時甚至連手碰觸到的身體黏膜部位都會發紅、發腫。所以在白果的產季，因為這樣而過敏，偷偷前來醫院看診的男性似乎也比較多。

銀杏果的外形與櫻桃相似。厚實的果肉裡是堅硬的籽。這一類的果實，想必是藉由動物的食用來運送種籽。可是，這麼臭的果實，誰吃啊？

銀杏果

分析動物們的糞便，我們可以知道果子狸和烏鴉會食用銀杏果。不過，牠們也不是特意尋找銀杏果吃。

銀杏是原始的裸子植物。從一億多年前中生代的侏羅紀到白堊紀也就是恐龍時代至今，它的樣貌都不曾改變，是所謂的「活化石」。在哺乳類和鳥類都尚未出現的遠古時代，到底是誰在食用這種果實呢？

嗯！……你猜得沒錯，是恐龍。有科學家認為在白堊紀銀杏樹下把銀杏果吃下肚，進而將銀杏籽運送出去的動物很可能是小型的草食性恐龍。強烈的臭味對恐龍而言應該是具有吸引力的香氣吧？但之後恐龍滅絕了，失去伙伴的銀杏也漸漸勢微……。

不過這還沒有直接的證據可以証明。或許將來在恐龍的腹中或是糞便化石中可以發現銀杏果的化石也不一定。這麼一想，是不是很令人期待呀？

可是，恐龍吃了銀杏臭烘烘的果實不會過敏嗎？

新奇又有趣的 樹木果實

認識
樹木的果實

櫻花（染井吉野櫻）

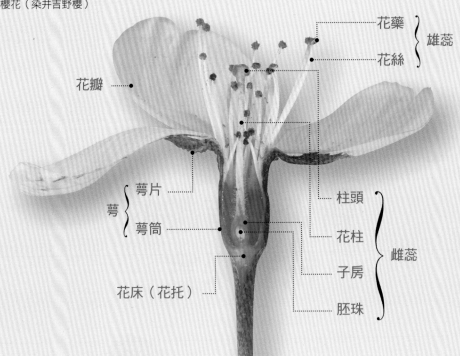

花藥 ｝ 雄蕊
花絲

花瓣

萼片
萼
萼筒

花床（花托）

柱頭
花柱
子房 ｝ 雌蕊
胚珠

從花朵到果實

- 植物為何會開花呢？開花的目的是為了結出果實，產生種籽。

- 花粉一旦附著到雌蕊的柱頭（即為受粉），花粉就會萌發出細長的管狀物（花粉管）進入雌蕊的花柱中，到達子房中的胚珠。精細胞（即等同於動物的精子）在花粉管裡移動，進入胚珠與卵細胞結合。這就是受精的過程。胚珠一旦受精就會發育成為種籽。而子房則培育果實。

2 觀察樹木的果實

樹木果實的構造

- 我們的日常生活裡經常會食用到各種不同種類的樹木果實。但我們吃的不光僅是果實或是種籽。事實上其中有的是變形的花萼，有的是花托，種類多樣。

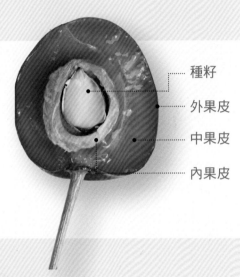

櫻桃……果實（核果）

開花後子房會變得肥大。子房的外壁分為三層，外果皮是紅色表皮，中果皮是果肉，而內果皮成為籽的硬殼。櫻桃和桃子的果實不是種籽，被堅硬的內果皮包覆在裡面的才是（＝果核），它即使被動物吃下肚也很難被消化掉。

種籽
外果皮
中果皮
內果皮

殘留的花柱

外果皮
中果皮
內果皮
種籽

萼片

柿子……果實（漿果）

開花後子房會變得肥大。蒂頭是萼片。外側的皮是外果皮，果肉是中果皮。內果皮是種籽周圍半透明的部份，主要的功用是讓種籽更加滑溜，好讓種籽可以逃過野獸們的牙齒。

残留的花柱

外果皮

中果皮、內果皮

種籽

蕚片

奇異果……果實（漿果）
開花後子房會變得肥大。帶絨毛的
皮是外果皮。中果皮和內果皮都是
肉眼看起來呈綠色的果肉，果肉間
夾雜著許許多多的小顆種籽。中央
白色的部份是提供種籽養份的胎座
殘留下來的部份，仔細觀察，可以
看見它有細長的維管束（輸送水和
養分的小管束）延伸至種籽一端。

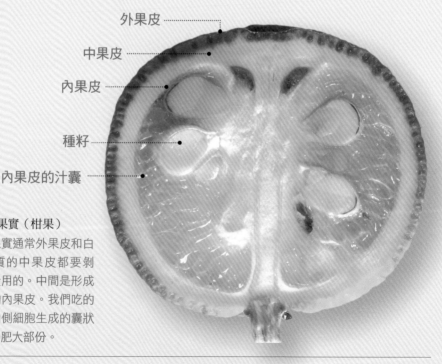

外果皮

中果皮

內果皮

種籽

內果皮的汁囊

香橙……果實（柑果）
柑橘類的果實通常外果皮和白
色呈海棉質的中果皮都要剝
掉，是不食用的。中間是形成
許多瓣瓣的內果皮。我們吃的
是內果皮內側細胞生成的囊狀
貯存果汁的肥大部份。

蘋果……假果（梨果）

蘋果和梨子並不是果實。它們是花托變化包柱子房而形成的假果，所謂芯的部份是由子房發育而成。果柄和另一邊凹下的地方可以看到萼片和雌蕊殘留的花柱。花托發育而成的部份稱為果床。

殘留的花柱
萼片
花托的髓部
外果皮、中果皮
內果皮
種籽
果床

果核
外果皮
中果皮
殘留的花柱
果床

殘留的花柱
果核
外果皮
中果皮
果床
萼片

覆盆子（左）、茅莓（又名紅梅消、右）……聚合果（木莓果）

看起來是一顆，但實際上是由數顆果實集合而成。開花後花托部份會變得肥大，花托上會有好幾個果實（核果）。一個果粒是一顆果實，中果皮化為液體，種籽被堅硬的內果皮包覆，形成果核。

外果皮
中、內果皮
外果皮
果實（瘦果）
果實
果床
殘留的維管束
萼片

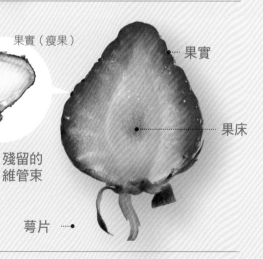

草莓……假果（莓果）

蒂頭是萼。食用的部份是花托發育變厚，形成像果肉的部份。上面一粒粒的籽就是果實。這果實外部有一層薄薄的堅硬果皮緊密地貼著種籽（瘦果），可以在不被動物消化的狀態下排出體外。

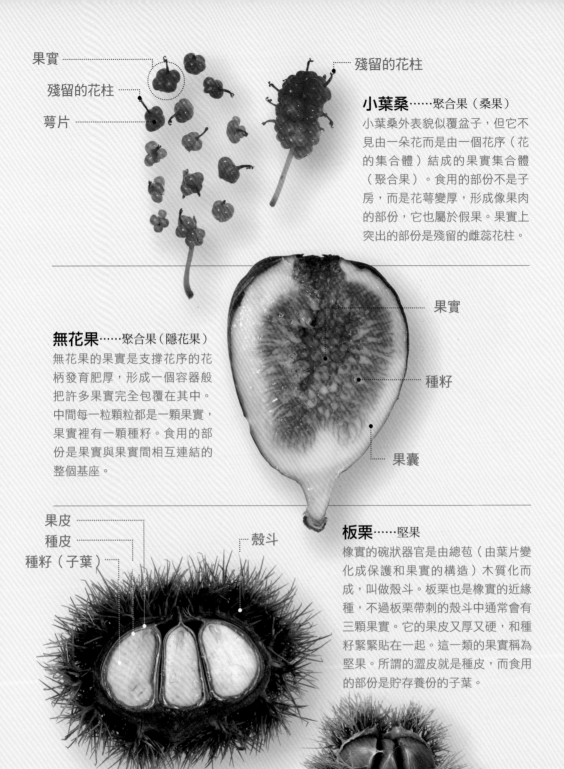

果實
殘留的花柱
萼片

殘留的花柱

小葉桑……聚合果（桑果）
小葉桑外表貌似覆盆子，但它不
見由一朵花而是由一個花序（花
的集合體）結成的果實集合體
（聚合果）。食用的部份不是子
房，而是花萼變厚，形成像果肉
的部份，它也屬於假果。果實上
突出的部份是殘留的雌蕊花柱。

果實

種籽

無花果……聚合果（隱花果）
無花果的果實是支撐花序的花
柄發育肥厚，形成一個容器般
把許多果實完全包覆在其中。
中間每一粒顆粒都是一顆果實，
果實裡有一顆種籽。食用的部
份是果實與果實間相互連結的
整個基座。

果囊

果皮
種皮
種籽（子葉）

殼斗

板栗……堅果
橡實的碗狀器官是由總苞（由葉片變
化成保護和果實的構造）木質化而
成，叫做殼斗。板栗也是橡實的近緣
種，不過板栗帶刺的殼斗中通常會有
三顆果實。它的果皮又厚又硬，和種
籽緊緊貼在一起。這一類的果實稱為
堅果。所謂的澀皮就是種皮，而食用
的部份是貯存養份的子葉。

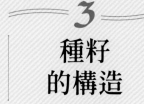

3
種籽
的構造

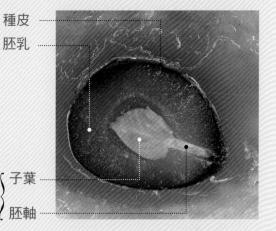

種皮
胚乳

子葉
胚 {
胚軸

有胚乳的種籽

柿子

將種籽對半切開。
胚乳占大半部份。

種籽的種類

- 種籽不只是可以讓無法動彈的植物往其他的場所移動，還可以在休眠的狀態下穿越時間和季節的更迭，說起來可謂是終極版的時間膠囊。種籽裡包含了乘載著大量情報的胚，以及供給胚發育所需的滿滿養份，一般而言，胚乳中貯存澱粉，而油脂則貯存於子葉。

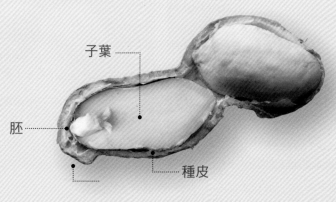

子葉

胚

種皮

果皮

沒有胚乳的種籽

落花生（花生）

將帶殼的果實對切成兩半。左側的種籽一眼就看到子葉。食用的部份是子葉。

樹木果實為什麼會有「豐收之年」？

山毛櫸或櫟樹的橡實並不是每年都結實纍纍。有那麼幾年大家好像都商量好了似的，某個地區的全部樹木幾乎都不結果。在這樣毫無收成的年歲裡，靠著秋天進食橡實來儲備過冬的熊因為找不到食物，只好在人類居住的村莊出沒。

為什麼樹木會有結實纍纍的「豐年」以及幾乎不大結果的荒年？

其實，首先是取決於氣候。降雨量、氣溫以及天氣晴朗的天數，這與植物進行光合作用、開花發芽以及果實發育的條件息息相關。

再來，它也受到植物的營養狀態左右。樹木大量結果的次年會較為虛弱，比較不易開花結實。然而，不那麼虛弱時候，每年應該多少都會結一些果實吧？但事實卻非如此。

有一說法是植物會因應食用種籽的昆蟲和動物來調整對策，特意造就出結實纍纍的豐年或顆粒無收的荒年。如果每一年產出果實的量都一樣，那麼以該果實維生的昆蟲和動物就會一直都有食物可吃，昆蟲和動物的數量也會日益增加，這樣一來幾乎所有的果實都會被吃得一乾二淨。然而，假若有不結果實的荒年存在，那麼昆蟲和動物的數量也會因為食物不足而減少，於是隔年就不會有大量的果實被吃掉，這些果實就可以發芽，殘存下來。

有關於豐年形成的原因，我們還有許多不解之謎。自然界的生物之間，彼此有著複雜又深奧的關連。

1　豐年的櫸樹。在結果纍纍的那年滿地都是掉落的橡實。
2　櫸樹橡實在枝頭結實。未成熟的橡實全身裹著一層毛茸茸的外衣。
3　蒙古櫟的橡實。比櫟樹大一圈。是山中的熊或松鼠等動物的重要食物來源。

第 *1* 章

街道上常見的
樹木果實

銀杏

公孫樹、鴨腳樹 | 銀杏科／落葉喬木

● 街邊或公園　● 動物散佈　● 花期…3～4月，果實…9～11月

銀杏的雄花（上）和雌花（下）。銀杏是雌雄異株（雌株和雄株各別生長於不同的樹木上），雄花的花粉透過風的傳遞到達雌花，大約半年的時間變化成為帶纖毛的精子，游向雌花中與卵子結合。多虧了日本明治時代的科學家，這個世界才得以被發現。

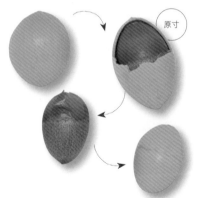

原寸

剝去柔軟外皮的硬殼果實長度約2公分。銀杏果不是果實而是種籽，有臭味的肉質外種皮（要留意徒手碰觸會引起斑疹）以及硬殼都是種皮的一部份。在銀杏樹最為繁盛的中生代，也許是靠恐龍食用銀杏果，銀杏的種籽才得以運送出去。

銀杏果是銀杏樹的種籽，常被用來做為茶碗蒸配料。秋季時分，裹著黃色肉質種皮的銀杏變軟後掉落到地面，散發著酸臭味。除了可以食用和藥用之外，也被種植做為行道樹。它一直被視為是透過人工栽培才殘存下來的「野生滅絕種」，不過近來在中國有發現野生銀杏樹的蹤跡。它是自恐龍時代以來樣貌就不曾改變的「活化石」，不論是葉子的形狀還是受精的機制都很獨特。

日文名 犬槙

羅漢松

羅漢松科／常綠喬木

● 山野間或庭院　　● 動物散佈　　● 花期…3～5月，果實…9～10月

雄花（左）的外形與同為裸子植物的銀杏樹（P28）雄花十分相似。雌花（右）的頂端有孕育種籽的球狀部份（胚珠），下方接續的部份（花托）會膨脹變成球形的膠狀果托。

果托部份越成熟甜度越高，在未成熟時呈綠色，隨著愈漸發育成熟會轉為黃色，再由黃色逐漸轉紅，最後變成藍黑色。它的用意是為了吸引鳥類的目光，進而達到將種籽一同運送出去的目的，不過，實際上有許多就這麼直接掉落在樹下。樹上或地面上也會有生根發芽的種籽，這時果膠的部份也起了補給水份的作用。下方箭頭是種籽的剖面圖。

羅漢松原產於日本與台灣，被種植做為庭園樹木或是圍籬。羅漢松有雄株和雌株，雌株在秋天結果，而且很新奇地，它結成的果子是雙色的甜味丸子。頂端綠色的丸子是種籽，質地堅硬無法食用。但呈現紅色或黑紫色的部份是半透明狀的，滋味甘甜、質地柔軟，根本就是天然的ＱＱ糖。有看到的話，請清洗乾淨，試吃看看！

原寸

· *Pinus thunbergii* ·

黑松

日文名 黑松

松科／常綠喬木

● 庭院或公園、山野間　　● 風散佈　　● 花期…4～5月，果實…10月

有雌花和雄花，雌花在新枝的末端，有一至兩個。右側圓圖內的是雌花。雄花形成橘色的花穗，聚生於新枝的底部。花粉靠風傳遞。

毬果大約在開花的一年半後成熟。照片中的是開花後一年又兩個月的幼小毬果。

原寸

裸子植物松樹並不結果，而是結成所謂的毬果來孕育種籽，也就是所謂的松果或毬果。每片毬果的種鱗上各孕育兩個種籽，一旦毬果成熟、種鱗張開後，種籽會迴旋起舞，翩翩落下。松樹中有黑松和赤松之別，樹皮呈灰黑色，葉子又粗、又長、又硬，碰觸末端還會覺得扎手的是黑松。

在樹上成熟的毬球一旦乾燥後果鱗會張開來，帶著薄翅的種籽高速旋轉，翩翩落下。毬球的高度為4~6公分。種籽的長度約為6毫米，連同種翅在內大約是2公分。赤松的毬球和種籽略小些，但與黑松的外形極為相似。

毬果
conifer cones
家族

（原寸）

日本花柏 サワラ

毬果位於枝末，是直徑 7 毫米的迷你尺寸。種籽的兩側有種翅，藉助風的力量傳播。

（原寸）

赤松 アカマツ

赤松的毬果一旦乾燥就會張開來（如左上圖），濕濕後就會閉合（如右圖）。赤松的毬果比黑松的毬果要小一圈，但外形十分相似，若不看葉子或樹幹實在難以分辨。

（原寸）

檜木 ヒノキ

檜木的毬果形狀類似日本花柏的毬果但尺寸大一圈，直徑為 1.2 公分。張開前外形看似足球。

杉木 スギ

原寸

杉木的毬果直徑 2 公分。
它的葉子和毬果都帶刺。
有時會從末端長出枝芽。

雪松 ヒマラヤスギ

雪松的毬果高達 10 公分，寬超
過 8 公分。不過一旦成熟，它就
會在樹上分解開來，種籽和種鱗
四散，只剩末端部分會掉落到地
面，呈玫瑰花的形狀。

原寸

種籽

原寸

日文名 榧

榧樹

紅豆杉科／常綠喬木

• 山野間或公園　• 動物散佈　• 花期…4 月，果實…9～10 月

雄花。和杉木（P31）一樣是借助風力傳播花粉的植物，一旦樹枝被風吹動搖晃，大量的花粉就在風中飛舞。雌花是綠色的，並不顯眼。

原寸

榧樹是在山野裡生長的針葉樹，但在神社周遭或公園也可以看見它的身影。榧樹有分雌株和雄株，雌株會結出包覆著一層厚實外皮的果實（即為植物學裡的種籽）。以前的人會仔細地撿拾「榧子」，或榨油或炒了當零食吃。榧樹樹葉的特徵是末端尖銳，握在手裡會有刺痛感。酷似榧樹的三尖杉握在手裡就不會痛。

種籽在秋天成熟時仍是綠色，之後種皮會裂開、剝離，四處掉落在地面上。帶有褐色硬殼的種籽有些異味但油脂含量豐富，是很美味的堅果。在山野間，松鼠、老鼠或各種山雀會把它當成冬天的糧食運送並加以掩理，其中一部份被遺忘後就冒出芽來。這是榧樹和森林動物們之間從幾千萬年以前就一直延續至今的約定。

日文名 山桃

楊梅

楊梅科／常綠喬木

● 山野間或公園　● 動物散佈　● 花期…3～4月，果實…6～7月

楊梅的花朵在早春綻放。有分雄株（上圖）和雌株（下圖），花朵不論雌雄都沒有花瓣或花萼，構造簡單。尤其雌花更是不起眼。雄花數量眾多排列呈穗狀，大量的花粉在風中飛舞。

原寸

楊梅是溫暖地帶的常綠樹木，被種植做為公園樹木或行道樹，也是人工培育的果樹。雖然它日文的名字是山桃，但它與桃樹並無關連，果實的構造也不相同。楊梅果肉的部份是從籽延伸的充滿汁液的柱狀突起組織，表面看到的顆粒是這些突起組織的末端。它原本是猴子愛吃的水果，但因為人類也喜愛它的酸甜滋味，所以也進行人工培育。

楊梅的果實在梅雨季節成熟。野生的品種果實直徑是 1.5 到 2 公分，人工培育的品種直徑可達 3 公分。果肉甘甜可口，但果實的籽不易脫離，所以有人會連籽一起吞下肚。在山裡，主要是靠猴子食用來散播種籽。上面照片是果實的剖面圖。

Carpinus laxiflora

疏花千金榆

又名：鵝耳櫪
日文名 赤四手

樺木科／落葉喬木

● 山野間或公園　● 風散佈　● 花期…4月，果實…8~10月

春天時的葉子還在抽芽，紅色的花穗（大量花序如稻穗般集結在一起）就已經綻開。又粗又長的是雄花穗，雌花穗則是短而小。開花的時節，整棵樹看起來紅彤彤的，所以日文稱它做赤四手。

原寸

晚秋的果穗。集結了十到三十顆果實的果穗長約5~10公分。開裂出深口的大葉苞片（孕育花與果實的特殊葉）會變成翅膀，以利飛行。

在山野間的雜樹林或公園中可以看到它的身影。在日文之所以被命名為四手，是因為它垂墜的果穗（大量果實如稻穗般集結在一起）讓人聯想到稻草編織而成的注連繩上的紙垂（日文為四手）裝飾。入秋時分，纍纍的果穗從枝頭垂墜下來，到了晚秋果實成熟，變得乾燥、變成褐色之時，一經風吹就散落在空中旋轉飛舞。

疏花千金榆的果穗，在雜樹林或公園中都能看到它的身影。

| 日文名 椋之木 | # 糙葉樹 | 大麻科／落葉喬木 |

●山野間或公園　●動物散佈　●花期…3～4月，果實…7～9月

雌花→

←雄花

春天開花。雄花（上圖左）和雌花（上圖右）生長在同一枝幹上，但它們的構造都很簡單，沒有花瓣，因為它們是以風為傳播媒介的花（花粉靠風運送、傳播）。雄花的花蕊彈一下，花粉就四處飄散。它以前是榆科，但根據基因序列比對後，重新被歸類為大麻科。

原寸

糙葉樹在雜樹林裡成長茁壯，在市區的公園裡也可以發現它的身影。它的葉子粗糙，在以前被人們用來代替砂紙做為打磨木頭表面的工具使用，所以也被稱為「沙朴」。糙葉樹在春天裡開的花並不起眼，但到了秋天，它會結成像藍莓一樣的球狀果實，成熟的果實像果醬般甘甜可口。在野地裡，鳥類或動物會把這些果實吃下肚，幫忙將堅硬的果核運送出去。

糙葉樹的果實直徑為1～1.2公分。秋天果實成熟，呈現帶著白色粉末的黑紫色。果肉黏黏的像果醬一樣，味道甘甜可以食用。果實中間有一個堅硬果核。樹上的果實多為棕耳鵯或灰椋鳥食用，成熟掉落地面的果實則成為果子狸等動物的食物。

日文名 櫟

麻櫟

殼斗科／落葉喬木

● 山野間或公園　● 動物散佈　● 花期…4～5月，果實…9～10月

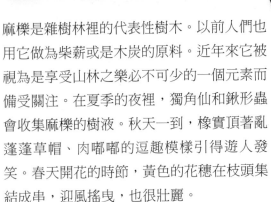

麻櫟的花在早春時分葉子還未抽芽前就先綻放。它有雄花（左圖）和雌花（圓圖內的箭頭處），雄花大量集結成花穗，隨風搖曳，將花粉送達到位在葉腋、毫不起眼的雌花。

原寸

麻櫟是雜樹林裡的代表性樹木。以前人們也用它做為柴薪或是木炭的原料。近年來它被視為是享受山林之樂必不可少的一個元素而備受關注。在夏季的夜裡，獨角仙和鍬形蟲會收集麻櫟的樹液。秋天一到，橡實頂著亂蓬蓬草帽、肉嘟嘟的逗趣模樣引得遊人發笑。春天開花的時節，黃色的花穗在枝頭集結成串，迎風搖曳，也很壯麗。

麻櫟的殼斗直徑最大達 5 公分。橡實的直徑約 1.5~2.5 公分。橡實的皮又厚又硬，是堅果的一種。尾端部分是與母株植物相連的痕跡。殼斗是由總苞（葉片特化成好護花與果實的構造）木質化而成，包覆、守護著橡實。不過，一旦年輕的橡實從殼斗探出頭來，栗實象鼻蟲等昆蟲就會鑽孔在裡面產卵，並吃掉裡面的種籽。

橡實
Acorn
家族

日本石柯
Lithocarpus

殼斗連著花軸一起掉落。味
道不澀，可以食用。

原寸

黑櫟
Quercus myrsinifolia

果實小但每年大量結果。
殼斗呈橫紋花樣。

原寸

蒙古櫟
Quercus mongolica

與櫟樹與枹櫟兩者相似。
殼斗呈網眼花樣。

原寸

赤樫
Quercus acuta

葉片肥厚的常綠樹木。殼斗
蓬鬆呈橫紋花樣。

原寸

青剛櫟
Quercus glauca

橡實小顆渾圓。殼斗
呈橫紋花樣。

原寸

狹葉櫟
Quercus salicina

原寸

日本最大的橡實。大大的
殼斗呈橫紋花樣。

原寸

烏剛櫟

Quercus phillyraeoides

尾端窄小的橡實。殼斗上
淺淺地佈滿著網眼的花
樣。

原寸

青栲櫟

Quercus serrata

與麻櫟同為雜木林中的
主角。殼斗呈網眼花樣。

椎櫟

Castanopsis sieboldii

脫去全身外套後才看
到橡實。味道可口，
可以食用。

原寸

槲樹

Quercus dentata

橡實圓滾滾的。褐色的
帽子蓬亂毛燥。

原寸

(日文名) 榎

朴樹

大麻科／落葉喬木

● 山野間或公園　● 動物散佈　● 花期…2～3 月，果實…3～9 月

花比葉先綻放。樹枝分歧處的下方有許多雄花，枝枒的末端有少數的雌花（箭頭處）。因為它是靠風來傳播花粉，所以不論是用來招蜂引蝶的花瓣或是花蜜都不存在。折疊起來的雄蕊彈出的瞬間，雄花的花粉就飛開來四處散佈，附著在帶有絨毛的雌花上。

朴樹在山野間或公園裡茁壯，長成大樹，也是良好的防風樹種。靠鳥類食用果實來傳播種籽，所以小樹會四處生長。果實從橘色漸漸變深，當變成酒紅色時就成熟了，味道像果醬一樣甘甜，可以食用。因為它的枝葉寬廣茂密可以種樹成蔭，所以在古代被種在一里塚（註：一里塚相當於里程碑，古代標示道路里的土塚，一里塚上通常會種樹供人乘涼）上供遊人休憩。大紫蛺蝶會食用它的葉子。

原寸

朴樹的果實直徑 7~8 毫米，果肉像果醬一樣又黏又甜。中間有一顆籽，直徑約 4 毫米，堅硬異常。棕耳鵯和灰椋鳥等鳥類會食用果實，再把堅硬的籽從糞便排出。

日文名 百合之木

鵝掌楸

木蘭科／落葉喬木

● 公園或路邊　● 風散佈　● 花期…5～6月，果實…10月

約莫春天開花。它的花乍看之下很像鬱金香，但事實上花的中間有大量的雌蕊排列成一圈，與鬱金香的構造完全不同，一朵花可以結出許多果實。

鵝掌楸是北美當地原生的落葉樹，被種植做為園樹或路樹。它的葉子呈 T 恤的形狀。因為看起來也像是日本和服的半纏（註：短上衣），所以在日本也被叫做半纏木。它的英文名字叫 Tulip Tree，而且它的花朵形狀也和鬱金香相似。你看，在冬天葉子掉落的枯枝上，鬱金香又再次盛開了。怎麼可能？喂！那個是鵝掌楸的果實。風一吹，它就一瓣瓣地剝離開來，在空中旋轉飛舞。

由一朵花結成的大量果實是以花軸為中心層層堆疊起來的，是高達 8 公分的聚合果。每當風一吹，果實就會從上依序剝離，在空中旋轉飛舞。到了春末之際，就只殘留最底下的一層，看起來就好像是鬱金香的花一樣。它的果實長 4 公分左右，帶有可以幫助飛旋的翅膀。

日文名 辛夷

日本辛夷

木蘭科／落葉喬木

● 山野間或公園　● 動物散佈　● 花期…3～5 月，果實…9～10 月

在早春時期，它比其它的樹木更先開花。木蘭科樹木是還保留原始特性的被子植物，花的中心集結了大量的雌蕊，並由這些雌蕊結實，成為聚合果。

原寸

日本辛夷長在山野間，被種植做為園樹或路樹。春天葉子還未抽芽前，它香氣濃郁的白色花朵就先開滿枝頭，夏末初秋之際，讓人看了會聯想到人握緊拳頭的橢圓形果實分外引人注目。據說因為這個硬邦邦的果實形狀像拳頭，所以它在日本被叫做 KOBUSI（コブシ，即日文的拳頭）。秋天一到果實裂開，紅色的種籽露出頭來，最後拉出白色的線，垂吊在枝頭。

聚合果在十月迸裂，露出紅色的種籽。種籽覆蓋著一層厚厚的油脂，為鳥類所食。種籽本身呈心形，又黑又硬，就算經過了一千年，仍可發出芽來。

▎ 日本辛夷的聚合果。幾顆到十幾顆的果實集結成串，一個圈圈裡面就有一顆果實。形狀奇
怪的聚合果微微染上一抹紅。最後聚合果裂開，豔紅色的種籽露出頭來，我每次一看到它
們就會連想到妖怪「目目連」（註：是日本傳說中的一種妖怪，據說下雨的時候會在人家的窗戶上，
地板上，房頂上出現很多眼睛，這些眼睛就是目目連）。它的種籽是烏鴉愛吃的食物。

日文名 樟／楠

樟樹

樟科／常綠喬木

● 山野間或街邊　● 動物散佈　● 花期…2～3月，果實…4～7月

樟樹是常見的行道樹，是溫暖地區的常綠樹木，可以生長成樹幹粗壯的巨木。把樟樹的葉子掐碎立刻可以聞到香氣，這就是名為樟腦的成分，在以前人們用它來做為防蟲的藥劑。樟樹在初夏時分開出的白花小小的並不起眼，但到了秋末冬初之際，它圓滾滾的果實就會成熟、變黑，在枝頭閃耀著光芒。每個地方都有樹齡超過一千年以上的巨型樟樹，不過一開始這些果實中的種籽是仰賴鳥類才得以傳播開來的。

果實從秋末冬初時分會變黑、成熟，直徑大約8～10毫米。支撐果實的部份膨脹成像杯子一樣的外形，看起來好像是劍玉（日本童玩）的球托。

花朵的直徑為5毫米，又小又不起眼，但仔細一看，它的構造精細，有白色的花瓣和黃色的雄蕊。葉子上有三條粗粗的葉脈清楚可見，分叉處膨脹成類似小房間的空間，裡面就住著吸收葉子汁液的小蜱蟲。

果實裡面有一顆籽。柔軟的果肉含有豐富的油脂，輕輕一碰，手指頭就好像是擦了乳霜一樣。種籽的直徑是5～8毫米。

| 日文名 椨 | # 紅楠 | 樟科／常綠喬木 |

● 街邊或海邊　● 動物散佈　● 花期…2～5月，果實…6～9月

春天開花。花蕾和紅色的新芽一起伸展，開黃綠色的花。單一朵花的直徑只有1公分，並不顯眼，但就整棵樹來看，大量的花朵在同一時間一起綻放，就能引來許多昆蟲。

原寸

紅楠是生長在溫暖地區的高大樹木，通常被種植在公園等地。紅楠的果實在夏天成熟變黑，與紅色的果軸成對比色，吸引鳥類的注意。不過，每次拍攝都只能拍到枝頭上尚未成熟的綠色果實。變黑是果實成熟的訊號，愛吃紅楠果實的灰椋鳥每天成群結隊地啄食已經成熟的果實，我們總是晚了一步。

在樹下撿拾的果實。果實的直徑約1公分，綠的時候硬硬的，待漸漸成熟變黑後就會變軟。把黑色的果實剖開，可以看到黏稠的果肉。看起來怎麼覺得有些眼熟呢？原來是和酪梨相似。酪梨和紅楠同屬楨楠屬植物，兩者的果肉都富含油脂。

紅楠的種籽。種皮薄薄一層，容易剝離。

· *Mahonia japonica* ·

十大功勞

小檗科／常綠灌木

● 公園或庭院　　● 動物散佈　　● 花期…8～11月，果實…11～5月

花朵在早春綻放，味道芳香。花的直徑約1公分，有一個有趣的特性，就是用小鉗子等工具碰觸雄蕊的柄，它會立即貼近，緊緊黏著雌蕊。葉子是30~40公分長的羽狀複葉（小葉在葉軸的兩側排列成羽毛狀），刺到會痛。

原寸

十大功勞是原產自中國的藥用植物，它的葉子有像冬青一樣的銳刺，所以也被種植在庭院裡用來防盜，全株及根、莖、葉均可入藥。它是南天竹的同科植物，在早春時分比其他植物早一步開出黃色的花，氣味芳香。梅雨時節，從葉間長出像藍莓似的青色果實日漸飽滿，纍纍下垂。試吃看看，它的味道也像藍莓一樣多汁又酸甜。

果實直徑8毫米，長度約1公分左右，成熟後變軟，味道酸甜。一顆果實裡有一至兩顆種籽。生長在日本或中國的十大功勞木果實一般不會拿來食用，但在加拿大有一種名叫「奧勒岡葡萄」（Oregon grape）的植物是與它同屬的近緣種，人們會採摘其酸甜的果實來吃。

(日文名) 南天

南天竹

小檗科／常綠灌木

● 山野間或庭院　　● 動物散佈　　● 花期…3～6月，果實…5～11月

在梅雨季節開花，花朵的直徑為 6~7 毫米。六片白色的花瓣和黃色的雄蕊散落後就留下形狀如酒壺般的雌蕊，到了秋天留下的雌蕊變胖變圓，並轉變成紅色。

原寸

我們冬天堆雪兔的時候總愛用南天竹紅色的果實做眼睛，葉子做耳朵。據說它是很早以前從中國引進的外來種。南天竹的名字在日文有翻轉災難的意味，所以許多人家門前都會種它來消災除厄。南天竹整株都有藥效，果實也有止咳的作用，不過直接食用是有毒的。鳥類也是每次一點一點地吃，慢慢將種籽帶往各處。

果實的直徑為 8~9 毫米。末端的凸起是柱頭殘留的部分。一個果實中有一到兩顆黃色的種籽。種籽呈略帶橢圓形狀的半球形，多半會有凹陷之處。因為果肉味苦有毒，所以前來啄食果實的棕耳鵯還沒吃完就飛走了，經過一段時間後又回來吃它。毒也是植物想要讓種籽散佈得更廣的一種策略。

紅色果實的誘惑

南天竹的果實和種籽

說到佈置正月的紅色果實，很多人會提到紅果金粟蘭（千兩）、硃砂根（萬兩）和南天竹，除此之外還有像菝葜（也稱山歸來）、鐵冬青、全緣冬青、紫金牛、東瀛珊瑚、山桐子、花楸、野薔薇、火刺木等等，反正冬天就是紅色的果實最搶眼。

為什麼果實會在冬天成熟變紅呢？

用山桐子的果實做雪兔的眼睛

紅色信號

這和紅綠燈或是郵筒的紅色是一樣的道理。因為紅色醒目。它是植物釋放出的一種訊號，意思是：注意！

不過這訊號不是給人的。植物是向鳥類發送訊號。「喂，這裡，吃我！」

紅色果實的內部偷偷藏了用柔軟果肉包覆著的種籽。它的計謀是讓鳥類把果實吞下肚，讓鳥類幫忙運送種籽，種籽已經先用堅硬牢固的材質包裹起來，就算通過鳥類的消化道也不會被消化掉，可毫髮無傷地從糞便排出。植物雖然無法移動，但只要吃了這些果實的鳥類飛到了某個地方再排出糞便，種籽就可以在遠離母株的場所發芽，還可以吸取養分。

想讓鳥類啄食的果實

鳥類的視力敏銳。牠們的眼睛和人類一樣最能接收到紅色的刺激。於是，想讓鳥類啄食的果實爭相把自己

啄食硃砂根紅色果實
的綠繡眼

51

硃砂根果實的果梗

的果梗，看起來優美可愛。這其中也是有緣由的。如果被掩藏在飄落的枯葉下方，鳥兒就發現不了了。再者，紅色的果實在顯眼的樹梢舉著秀色可餐的招牌，長時間不斷地引誘著鳥兒。在鳥類不大駐足的市區街道旁，硃砂根或南天竹的果實一直都是那麼地嬌嫩欲滴，有時候就算到了翌夏都還掛在樹枝上。它一直在等待著鳥兒的青睞。

武裝成紅色。再來就屬黑色的果實是第二多的，因為鳥類也可以看得到紫外線，所以在人類眼中黑溜溜的果實在紫外線的反射下對鳥類而言是有顏色的，所以黑色果實也是想讓鳥類啄食的果實。其他還有幾種少數顏色的果實，像是綠色、紫色、黃色、白色的都有。

沒什麼香味是這些果實的共同特徵。這與鳥類的嗅覺遲鈍有關。用香味來引誘對鳥類是沒什麼作用的。

冬天裡成熟的果實較多也有其原因。這個時期昆蟲較少。所以植物敢在這個季節結實，誘惑鳥類。

冬天的紅色果實很多都留有長長

紅色的果實為什麼難吃？

我曾經試吃鳥兒啄食的果實。結果又苦又澀，大部份都難以下嚥。仔細想想真是不可思議。為什麼會這麼難吃呢？果實如果美味可口，那麼鳥兒會更愛吃，這樣不是更有利於種籽的運送嗎？

如果果實很可口，鳥兒留在當場一直吃，那麼種籽也會就地被排出。這樣是不行的，一點也沒有起到運送的效果。如果沒有把種籽送得更遠、傳播得更廣，誘惑鳥類來啄食就沒有半點意義了。植物故意結出難吃的果實，這樣做反倒可以控制鳥類一次啄食的量。

禁不起紅色誘惑的鳥兒啄食果實。可是如果吃起來很難吃（難吃的成份大多是有害的，會引起消化不良等身體的不適），大概就會淺嚐即止，振翅飛走了吧？然後又一次禁不住誘惑，於是又來啄食。這樣一來，種籽就可以分好幾次一點一點地被運送到各個地方去。不論是時間或空間，種籽被傳播的範圍都會更為廣闊。來啄我吧，不過只能吃一點點唷！我把植物這樣的策略命名為『只能一點點法則』。

其實棕耳鵯會啄食南天竹的果實，但明明枝頭還有果實，牠們還是吃幾顆就飛走了。這是因為南天竹的果實可做為藥材，裡面含有有毒的成份。毒也是植物的策略之一。

冬天的紅色果實隱含著植物的心機和盤算。

紫金牛。與硃砂根同屬的小灌木，生長在樹林裡，也被栽種在庭院裡。在以前被視為是正月的開運植物，在日本也稱為「十兩」（與萬兩和千兩相呼應。順道一提，日本所謂的「百兩」是同屬而且同樣有紅色美麗果實的百兩金（Ardisia crispa）。

菝葜（也稱山歸來）的果實。它
是生長在山野間的菝葜科蔓性藤
本植物，在秋天會結出美麗的紅
色果實。它的樹枝有刺，不過因
為樹枝和果實的姿態詩意盎然，
所以常被用來做為插花的素材。

日文名 仙蓼／千兩

紅果金粟蘭

金粟蘭科／常綠灌木

● 山野間或庭院　　● 動物散佈　　● 花期…2～5月，果實…5～10月

金粟蘭科在被子植物中也屬於原始的族群。它的花沒有花萼也沒有花瓣，只由胖嘟嘟的綠色雌蕊以及一枚位在側面、身負重任的白色雄蕊構成。而且雄蕊任務完成後會枯萎成褐色，紛紛散落。

原寸

佈置正月的紅色果實。以前的商家會在庭院裡一起種植紅果金粟蘭以及同樣會結出紅色果實的硃砂根和伏牛花（*Damnacanthus indicus*，茜草科常綠灌木，日文：有り通し），以求生意興隆「千兩、萬兩、財源廣進」的意喻。仔細看看它圓嘟嘟的紅色果實，在頂端和側面有一大一小的黑點。為什麼呢？給個提示，答案就藏在這花獨特的構造裡。因為它的雄蕊是從雌蕊的側邊長出來的。

紅色的果實直徑約7毫米。位在頂端的黑點是雌蕊殘留的部分，而果實側面的小黑點是雄蕊留下的痕跡。果實裡有一顆直徑3~4毫米的籽，鳥類吃了它就可幫忙運送種籽。

日本山茶

日文名 藪椿 | 山茶科／常綠灌木

● 植栽或山野間　● 動物散佈　● 花期…9～11 月，果實…9～10 月

日本山茶在早春二到三月的時候綻放紅色的花。棕耳鵯或綠繡眼等鳥類會來吸吮它的花蜜。紅色的果實很受鳥兒的青睞，同樣的道理，山茶綻放紅色的花朵來引誘鳥兒幫自己運送花粉。

屋久島產的山茶可以結出直徑達 6 公分的果實，也被稱為蘋果山茶。為了抵禦茶實象鼻蟲在其果實上產卵，經過長年的抗戰，山茶果的果皮逐漸進化變厚。

日本山茶是日本的野生植物，它的花朵又紅又大，葉子也是光澤亮眼，所以被培育出許多園藝的品種。一般而言，這些全部都叫山茶花，通常種植在庭院或公園裡供觀賞用。此外，它的種籽富含上等的油脂。從很早以前人們就利用它來製作油品。現在也被拿來做為護髮劑或加在洗髮精裡使用。

果實的直徑約為 3 公分。成熟後仍舊呈現綠色，但裂開成三瓣，露出附在中間軸心的種籽。種籽含有豐富的油脂，在野生的環境下，種籽掉落地面後，森林裡田鼠之類的小動物會撿去貯存起來，那些沒被吃掉的部份就可以發芽生長。

• Eurya japonica •

柃木

日文名 柃

五列木科／常綠小喬木

● 山野間或公園　● 動物散佈　● 花期…2～3 月，果實…9～10 月

有分雄株（如左圖）和雌株（如右圖）。雄花直徑為 5 毫米，雌花直徑為 3 毫米。不論是雄花還是雌花都會飄出類似像瓦斯的味道。

原寸

柃木是長在樹林裡的常綠灌木，也被種植在庭院裡。有些地方也會用它的樹枝代替「榊（日文：サカキ SAKAKI，台灣稱紅淡比樹）」的樹枝來供神，據說它的日文名字「姬サカキ HIMESAKAKI」也是這麼來的。它的花香獨特，聞起來像都市中的瓦斯味。也有人說它的味道聞起來像是鹽味拉麵。它的花和果實密密麻麻地貼附在樹枝下方，也許有人看了會覺得背脊發涼也不一定 !? 鳥兒啄食成熟的黑色果實，將種籽運送出去。

果實的直徑約為 5 毫米，裡面有十幾粒長度約為 1~2 毫米的褐色種籽。因為果肉裡含有不讓種籽發芽的物質，所以種籽可以經鳥類吞食消化後再開始發芽。的確，如果掉落在地面的種籽全都發芽肯定會亂成一片，也很麻煩。把果實掐碎會有深紫色的汁液流出，可以用來做為藍色的染料。

Zelkova serrata

欅樹

日文名 欅 │ 榆科／落葉喬木

● 街道邊或公園　● 風散佈　● 花期…2～3月，果實…3～4月

雌花
雄花

▌ 花朵春天綻放，屬風媒花（利用風力作為傳播花粉媒介的花），並不起眼。花朵開在帶著小葉的枝椏上，數朵花聚在一起，生長在葉子的兩側。靠近樹枝基部葉腋的都是雄花，接近樹枝末端一朵一朵生長的是雌花。

▌ 這是欅樹旅行時的模樣。其實它沒有任何用來飛行的道具。

欅樹是枝葉茂盛的落葉喬木，它的外形好像是倒著站立的掃帚。欅樹的果實平凡無奇，乍看之下很難被發現。不過仔細觀察一下，看！樹枝末端的枝椏上有一粒一粒的東西。那就是果實。秋天葉子枯黃後，帶著果實的枝椏會用枯葉做翅膀，整截在風中飛舞。當樹木枯黃後，請試著找一找欅樹的枝椏。

原寸

不過，因為帶有果實的小枝椏會連著葉子一起枯萎，所以枝椏可以代替翅膀讓整截枝椏藉著風力四處飛行。小枝椏的葉子比平常的葉子還要小。果實是寬約3毫米的橢圓形，果實的根部帶著葉子。

又名二球懸鈴木
日文名 紅葉葉鈴懸之木

英國梧桐

懸鈴木科／落葉喬木

● 街道邊或公園　● 風散佈　● 花期…4～5月，果實…11～4月

花朵在早春時分與葉子同時抽芽綻放。右圖的右側為雌花花序（花朵的集合體），紅色的部份是雌蕊的柱頭。圖的左側是雄花花序尚處於花蕾的狀態。

雄花序　雌花序

這是聚合果拆解開來的樣子，以及果實傘狀絨毛展開後的姿態。聚合果由許多絨毛在收合狀態下的果實集結而成，直徑約4公分。聚合果借助風力飄落至某處後開始崩解，大量的果實展開金色的降落傘乘風飛行。

2cm

原寸

英國梧桐的特徵是樹幹呈迷彩斑紋，葉片碩大形狀像楓葉。通常與它相似的近緣種都被稱為懸鈴木。秋天一到，圓滾滾的「果實」纍纍地垂掛在枝頭，那是由許多果實集結而成的聚合果。因為看起來就像是包著僧服的懸鈴吊飾，所以被叫做「懸鈴木」。圓滾滾的球狀物在北風中解體，果實張開金色的降落傘乘風飛行。

英國梧桐是同種交配、培育而成的園藝植物，通常被種植做為行道樹。它的特徵是樹皮會不規則片狀剝落，剝落後呈白色斑紋。

原寸

▋美國梧桐（又名一球懸鈴木）尚未成熟的果實和葉子。
　美桐是北美原產的落葉喬木，被種植在公園等地。聚
　合果一串只有一顆，葉片開裂得較淺，鋸齒較為平滑。
　美桐與法桐交配培育而成的就是英國梧桐。

▋美國梧桐的聚合果與果實。果實碩大，
　果實末端尖尖的地方（雌蕊柱頭殘留的
　部份）容易脫落。一般來說，美國梧桐
　的樹皮也會不規則片狀剝落，剝落後呈
　白色斑紋，但比起英國梧桐和法國梧桐
　而言，它比較不易剝落。

▋法國梧桐。法國梧桐的聚合果較小顆，
　每串有三到七顆，果實尖尖的部份較
　長。它的葉片也比較小，開裂得較深。
　法桐原產於歐洲與西亞一帶。照片中的
　法國梧桐位在東京大學醫學圖書館的正
　門前，是希臘科斯島那棵名樹的子孫。

| 日文名 卯木／空木 | # 齒葉溲疏 | 八仙花科／落葉灌木 |

● 山野間或公園　● 風散佈　● 花期…5月，果實…11～12月

花在五月盛開，又白又美麗。因為是在農曆的卯月（即四月）開花，所以被稱為「卯花」，從以前就一直是和歌或童謠歌頌的對象。花朵集中在枝頭綻放，直徑為 1~1.5 公分，幾乎聞不到香氣。

未成熟的果實。

齒葉溲疏生長在陽光明媚的野山裡，也被種植在公園等地。枯萎的樹枝是中空的，所以在日本被叫做空木。純潔的花朵以「卯花」之名為人所熟知，孕育著外形像茶碗般奇異的果實。秋天茶碗綻開一個破口，細小的種籽隨風四散。靠風傳播種籽的果實大多平凡不起眼。因為如果顯眼反而會遭致動物的注意被吃下肚，那可就糟了。

原寸

果實的直徑呈 4~6 毫米的圓筒形，表面粗糙不平。中心殘留有三到四根的雌蕊柱頭。秋天成熟後，果實會朝上開口，大約有十顆左右的種籽會借由強勁的風力傳播開來。種籽的本體約為 1 毫米，兩端有薄膜般的翅膀，可幫助種籽乘風飛行。

利用風力飛行的種籽 [1]

灑胡椒鹽方式：齒葉溲疏

種籽若非常小顆就可以借助風力飛行。齒葉溲疏或是馬醉木的果實像是灑胡椒鹽似地在風中搖曳著，小小顆的種籽借此四處散播。尤其需要在日照充足的空地上發芽的植物更是不斷地進化，以求產出更大量的細小種籽來增加繁衍的機會。像長莢罌粟這類的雜草，一顆僅僅1.7公分長的果實可以散播多達一千粒的「微小顆粒」。

粉塵方式：白芨

如果種籽比粉塵更小，輕得像灰塵一樣，就可以輕飄飄地在空中飄浮。種籽最輕的是蘭科植物，一顆種籽的重量是0.00002~0.01毫克，體積小，數量多，一顆果實裡可以容納數十萬粒種籽。蘭科植物小小的種籽裡沒有養份，不過它可以與菌共生，汲取養份讓自己發芽成長。寄生植物野菰也是從宿主身上取得營養，所以種籽也很小。

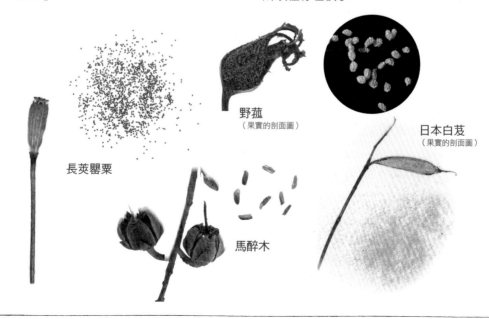

長莢罌粟

野菰
（果實的剖面圖）

馬醉木

日本白芨
（果實的剖面圖）

| 日文名 紅葉葉楓 | # 北美楓香 | 金縷梅科／
落葉喬木 |

● 街道邊或公園　● 風散佈　● 花期…4月，果實…11～12月

雄花序

雌花序

花朵在春天綻放。厚厚堆疊在一起的是雄花花序，一顆一串的是雌花花序（如上圖）。它屬於風媒花，所以不論是雌花或雄花都是褐綠色的，沒有花瓣。雌花花序會生長成聚合果。

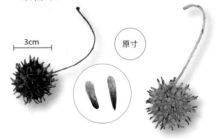

3cm

原寸

聚合果在晚秋成熟乾燥後會裂開一個破口，帶著翅膀的種籽在風中迴旋飄散。聚合果的直徑約 3~4 公分，毬果上滿是又粗又硬的棘刺，堅韌且帶有光澤。種籽的長度為 7~10 毫米。

北美楓香是美國當地原生的落葉喬木，被種植在公園或街邊做為行道樹。它的葉子很像日本楓樹，樹枝呈交錯生長，與葉子兩兩相對、沒有親緣的日本楓樹巧合地相似。秋天一到貌似板栗毬果的聚合果纍纍垂下。晚秋時分，聚合果變乾燥後開裂出一個破口，帶著翅膀的種籽飛散在空中。掉落到地面的聚合果堅硬強韌，可直接拿來做為裝飾聖誕的素材。

中國原產的楓樹葉片呈掌狀三裂型，聚合果的直徑為 2.5~3 公分，棘刺細小易折。種籽長度約 7~9 毫米。

原寸

秋天葉子變紅的北美楓
香。葉片形狀雖然與楓樹
相似,但果實外形不同。

海桐

日文名 扉

海桐科／常綠灌木

● 海邊或公園　　● 動物散佈　　● 花期…5月，果實…11～1月

五月上旬海桐的花朵在日本東京近郊綻放。海桐有雌株和雄株，照片裡的是雌株，可以看得到粗短的雌蕊和已經退化的雄蕊。花的直徑約 2 公分，氣味香甜，剛開始綻放的花朵呈白色，待時間一久會漸漸變成乳白色。海桐的葉面光澤不易破裂，葉子的邊緣向內側捲起。

原寸

海桐的枝葉捈碎後會有一股獨特的臭味，所以自古以來在除夕夜或立春的前一夜，日本人會把這種樹木的樹枝挾在窗邊，據說可以趨除邪祟。因為這個習俗，所以海桐在日本被叫做「扉木」。海桐的果實在初冬成熟、開裂，露出種籽。平滑開裂的果皮裡裝著茂密的紅色種籽。那，為什麼種籽都不會掉落呢？（答案就在右側。）

果實長在雌株上，直徑約 13 毫米左右。當果實成熟後通常會裂成三瓣，大量的豔紅色種籽從裡面露出頭來。種籽表面黏黏的拖著一條線，緊緊地粘著果皮，不易脫落。鳥兒啄食種籽是為了表面這種黏黏的成份，消化完後會把堅硬又稜稜角角的種籽混在糞便中排出。

· *Pyracantha crenulata* ·

日文名 喜瑪拉雅
常盤山查子

細圓齒火棘

薔薇科／常綠灌木

● 園或庭院　● 動物散佈　● 花期…4～5 月，果實…11～1 月

▌ 春天，白色的小花成群綻放。

原寸

▌ 照片中是名為細圓齒火棘的種。果
實成熟時呈紅色，直徑 6～10 毫米。
它的果實和蘋果（P23）一樣是由包
覆果實的花托變大而形成的假果，
裡面有五顆長約 2～3 毫米的堅硬種
籽。黃色的果肉有著類似蘋果的香
氣，但有毒性。

細圓齒火棘是外來的園藝植物，特徵是紅色的果實和
樹枝帶有棘刺，它以及同屬的植物都被稱為火棘，經
常被種植做為圍籬。果實看起來美味可口，但其實含
有氰酸化合物的毒素，大量食用的話連鳥兒也會中毒。
名為朱連雀的候鳥（P124）偶爾會出現不明原因的集
體死亡，其部份緣由就被歸咎於吃了火棘的果實。

▌ 中國原產的窄葉火棘也被稱為火棘，是人工栽種的植物。
它的果實成熟時呈橘色，直徑約 8 毫米。因為果實外形扁
扁的又呈橘色，所以被日本稱為擬橘。

| 日文名 車輪梅 | # 石斑木 | 薔薇科／常綠灌木 |

● 海邊或公園　　● 動物散佈　　● 花期…5 月，果實…11～1 月

花期在五月連續假期期間。白色的
花朵在枝頭集中綻放，香氣芬芳。
花的直徑約為 1.5 公分，五片花瓣末
端呈圓弧形，很像梅花。上圖中的
照片是名為細葉石斑木，葉子形狀
細長的品種。

原寸

它原本是生於海岸邊的植物，肥厚光澤的
葉片可以耐得住乾燥以及空氣的污染。因
為它的葉子就像是長在枝頭的車輪，而花
朵的外觀又與梅花相似，所以在日本被叫
做車輪梅。上圖照片中葉子呈圓形的品種
也叫做厚葉石斑木。在秋天成熟呈紫黑色
帶一層白粉的果實乍看之下像藍莓，不過
因為它長在海邊所以更為堅硬強韌，最適
合用來做聖誕花圈。

果實尚未成熟時呈紫紅色，成熟後呈黑色，
表面覆有一層白粉。果實的直徑為 1~1.5 公
分，裡面有一至兩顆堅硬的種籽，靠鳥兒
吞食果實將種籽運送出去。像這種覆有一
層白粉的黑色果實大多數表面都可以吸收
紫外線。鳥類的眼睛與人類不同，可以看
得到紫外線，也許看在鳥兒眼中，這些果
實其實色彩繽紛也不一定。

槐樹

日文名　槐

豆科／落葉喬木

● 公園或街邊　　● 動物散佈　　● 花期…7～8 月，果實…11～2 月

正夏時分，黃白色的花集中在枝頭上大量綻放。花朵長約 1.5 公分。人們從還是花蕾階段就開始採摘，用它做為黃色染料。

每年一到二月，街邊的槐樹上成群的棕耳鵯叨著半乾燥的豆莢，拼了命地大快朵頤。破掉的豆莢剛好可以一口吞下肚，而堅硬的種籽就從糞便排出。

槐樹是中國原產的豆科植物，經常被種在公園或是做為街邊的行道樹。豆科植物的果實豆莢通常成熟後會變得又硬又乾，但槐樹的豆莢跟別人不一樣，它成熟後會收縮成一球一球的，變得像ＱＱ軟糖一樣柔軟。這豆莢是專門為鳥類準備的大餐。鳥兒一啄，豆莢中間縮窄的地方就斷了，果實不費吹灰之力就進到了鳥兒的肚子裡。

原寸

豆莢成熟時會呈半透明的狀態。因為含有可以起泡的皂苷，所以內部黏乎乎的，一旦在枝頭上稍稍變乾後，就會產生像ＱＱ軟糖一樣的彈性。以前的人會將豆莢浸在水裡用來洗濯物品。

別名：日本紫藤
日文名 藤

· Wisteria floribunda ·

多花紫藤

豆科／落葉藤本植物

● 山野間或庭院　● 自動散佈　● 花期…4~5 月，果實…11~1 月

Photo by Beth Macdonald on Unsplash

多花紫藤是日本固有的美麗野生植物，春天綻放的淡紫色花穗美不勝收。若長得又粗又壯時，它就會像是傑克與魔豆中的魔豆樹一樣遮天蔽地，盤繞著其他的樹木往上攀延生長。人類自古以來就栽種紫藤，至今仍隨處可見兼俱遮蔭作用的紫藤花棚。夏天碩大的豆莢垂墜在枝頭，冬天成熟乾燥後，啪！地一聲瞬間彈裂開來，種籽就趁勢往空中飛去。

多花紫藤的花穗長約 30~50 公分左右，最長可達 1 公尺。花的長度為 2 公分，由上往下依序綻放，香甜的氣味招引著木蜂（請參考上方圓圖）前來。大量的花朵集結成花穗，但結成的果實最多就只有三顆。因為營養資源有限，所以有計劃地限制了結果的數量。

多花紫藤的豆莢長度有 10~20 公分。表面覆有一層絲絨般的軟毛。晚秋時節豆莢成熟、變乾燥後會扭轉彎曲，裂成兩半，種籽趁勢起飛。種籽是直徑 1.2~1.5 的圓盤狀，像飛盤一樣飛行。扭轉彎曲的豆莢碎片散落一地。

迸裂開來的種籽

菫菜

金縷梅

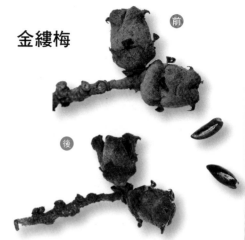

成熟後的果實向上開裂。裂開後，看！像船員的種籽規規矩矩地在三艘船上列隊排好！可是隨著船身漸漸乾燥，寬度也會漸漸變窄，於是船員們便一個一個啪！啪！彈出船外，最後船上變得空無一人。

金縷梅的果實會讓人聯想到河馬的臉，一旦成熟，果實會打開一個破口，露出裡面的種籽。接著，包裹著種籽的黃色皮膜（內果皮）會開始乾燥收縮，漸漸向內側捲起。就在那一瞬間，種籽趁勢發射出去。

鸛牛兒苗

鳳仙花

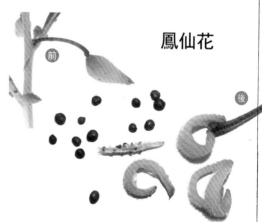

果實的外型像是朝向天際的火箭，最下方的部份環抱著五顆種籽。一旦果實成熟，果皮變得乾燥，變身！果皮會瞬間向上捲起，種籽就趁勢被發射往空中。種籽全部飛走後的果實外形看起來就像座神轎。

成熟的果實日益膨脹，眼看就要破掉一樣。稍稍一碰，啪！果皮瞬間反捲爆裂，十幾顆種籽彈出，飛散四處。果實的皮之所以爆裂是因為果皮持續吸水、膨脹的緣故。

| 日文名 赤芽槲 | # 野桐 | 大戟科／落葉喬木 |

• 山野間或空地上　• 動物散佈　• 花期…6～7月，果實…8～10月

雌花花穗（照片左）和雄花花穗（照片右）。雌花的雌蕊一開始是黃色，接著漸漸變成紅色。花的香氣芬芳。

果實成熟後果皮會裂開，黑色的種籽會裸露在外。種籽的表面有一層油脂，稍微搓一下，手指會沾得油油的。鳥兒為了這些油脂啄食野桐的種籽，消化後種籽堅硬的本體會隨著糞便排出。

空地一旦形成後，最先長出的樹木之一就是野桐。被鳥兒運來的種籽長時間待在地面下等待時機。一旦察覺到土壤的溫度乃至地面上的環境有了變化，它的幼芽就會伺機探出頭來。野桐有分雌雄，只有雌株會結實。表面帶刺、佈滿小珠子的果實到了秋天就會綻裂，露出黑色的種籽。以前的人會用它和櫟樹的葉子來包裹食物。

原寸

由左至右分別是種籽，裂開的果皮，以及果穗。果實上有像刺一樣的凸起，是雌蕊殘留的部份，表面包覆著一層像念珠般的小顆粒。裂開後的果皮呈環形相互連結，一起掉落。

日文名 南京櫨

烏桕

大戟科／落葉喬木

● 山野間或街道旁　　● 動物散佈　　● 花期⋯7月，果實⋯11～1月

烏桕的花在夏天綻放。長長垂墜的是雄花的花穗，花穗的基部上有數個雌花。烏桕的花怎麼看都覺得平凡不起眼。

（原寸）

烏桕的果實一旦成熟果皮會裂開，被白蠟包覆的三顆種籽於是顯露出來，在枝頭閃爍著。種籽的本體呈暗褐色，質地堅硬。這些蠟是高熱量的油脂，藉由鳥類的啄食可將種籽運送出去。烏桕在溫暖的地區已經漸漸有野化的趨勢。

烏桕是中國原產的樹木，常被種在公園或路邊做為行道樹。它心型的樹葉迎風搖曳著，看起來分外可愛，到了秋天，樹葉就會染上黃色、紅色或是紫色的色彩。咦？好像有三顆閃耀著白光的小果實隱身在紅葉中？可是仔細一看，裡面也有綠色或褐色的圓型果實。那是因為果實成熟後果皮會脫落，所以才露出果實白嫩嫩的肌膚。白色的物質是蠟，在以前它和木蠟樹（P76）一樣都被種來做為製作蠟燭的原料。

麻雀啄食白蠟的部份。可是，單單只是啄食是沒有意義的。必須要像灰椋鳥或是啄木鳥等大型的鳥兒把整個果實吞下肚才能將種籽運送出去。

(日文名) 庭漆

臭椿

苦木科／落葉喬木

● 公園或山野間　● 風散佈　● 花期…5～6月，果實…10～11月

臭椿有分雌株（上圖右側照片）和雄株（圓圖）。花朵不論雌雄都是直徑約 7 毫米的白綠色小花，毫不起眼，不過樹枝末端的花序直徑可達 30 公分，花蜜甘甜，吸引大批蜜蜂聚集。它的葉子呈大片的羽狀複葉（葉子像鳥的羽毛般排列在葉軸的兩側）

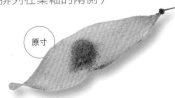

原寸

臭椿在日本又叫做神樹。英文也叫 Tree of Heaven（天國之樹）。它產自中國，原本被種植在公園等地，但因為種籽隨風四散，所以到處生長，變成野生樹木。它類似鳥類羽毛形狀的葉子與漆樹科的植物很像，但並不屬於漆樹科，所以不用擔心會引起斑疹。就果實的外形來看，果翅的兩端微微捲曲，看起來好像是包裹著糖果的糖果紙似的，飛行方式多變且獨特，將它撿起來扔向空中，或翩翩起舞，或打圈迴旋，真是有趣。

雌花的子房從花朵時期就開始收縮成五條深裂，一朵雌花最多可結出五個果實。果實長度為 3.5~4.5 公分，輕薄的翅膀中央有一顆種籽，翅膀的末端微微捲曲。這是為了讓種籽能夠進行複雜的飛行，像大型螺旋槳那般立著迴旋。隨著果實的形狀以及落下的角度不同，有時也會有翩翩起舞的姿態。

| 日文名 栴檀 | # 苦楝 | 楝科／落葉喬木 |

● 山野間或公園　● 動物散佈　● 花期…3～4月，果實…9～12月

苦楝的花在初夏綻放。大量的淡紫色花朵集中在枝頭盛開，空氣中瀰漫著芬芳的香氣。花朵的直徑為 2 公分，花朵的正中央聚集著直筒型的深紫色雄蕊。

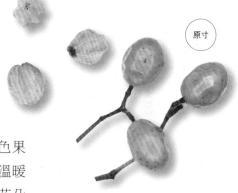

原寸

如果在冬天的枯枝卜發現像鈴鐺的黃白色果實，那麼它就是苦楝樹。苦楝大多生長在溫暖的地區，它細小分歧的樹葉以及淡紫色的花朵看著教人倍感涼爽，所以在校園或公園裡廣為種植。在日本古代苦楝被稱為 OUTHI（日文：オウチ），在《萬葉集》（註：是現存最早的日語詩歌總集）中也被歌頌過。苦楝的日文漢字為栴檀（センダン，唸做 SENDAN），但日本俗諺「栴檀自剛剛發芽就芳香宜人」（註；引喻英雄人物從小就與眾不同。即：英雄出少年）中的栴檀是指產於熱帶名為白檀的一種香木，和這裡講的苦楝無關。

果實是直徑 1~1.5 公分的球型或橢圓形，晚秋時分成熟呈黃白色。殘留在枝頭上的果實味道苦澀，表面皺巴巴的，不過在一到二月的時候，其他樹木的果實早就沒了，所以棕耳鵯和灰椋鳥還是會聚集在枝頭啄食。苦楝的果核有四到六條突出的紋路，硬堅無比，果核的紋路有幾道，就代表著裡面的種籽有幾顆。這些果核被拿來做為天然的念珠。

· *Rhus succedanea* ·

又名山漆
日文名 櫨之木

木蠟樹

漆樹科／落葉小喬木

● 山野間或庭院　　● 動物散佈　　● 花期…5～6月，果實…10～12月

▎木蠟樹有分雄株（左圖）和雌株（右圖），只有雌株才會結實。花朵在六月綻放，黃綠色的小花集結成串一道盛開。花的直徑約為 5 毫米，雌花上有退化的小雄蕊。雄花上佈滿雄蕊，看起來顯得華麗醒目。木蠟樹的葉子呈羽狀複葉。

原寸

木蠟樹生長在溫暖地區的山野間，因為它的葉子會變紅很是美麗，所以也被種在庭院裡。在以前，人們為了取得製作蠟燭所需的蠟，大量地種植木蠟樹。在葉子變紅的同時，果實也成熟變成深褐色，一串串像葡萄似地垂吊在枝頭。木蠟的果實顏色平凡，但因為含有豐富的蠟，熱量高，所以很受鳥類的喜愛。或許，它不是靠平凡的果實，而是靠美麗的紅葉來招引鳥兒的注意。

▎木蠟樹的果實寬度 8 毫米。果肉的纖維質之間含有豐富的蠟。對準備過冬的鳥兒來說，蠟是高熱量的營養食物。鳥兒大快朵頤啄食這些果實，再將堅硬的果核從糞便排出。木蠟的果肉經蒸煮、壓縮，再置於太陽下曝曬，就可以產生白色的蠟，做為製作日式蠟燭（P148）的原料。

又名雞爪槭		無患子科／落葉喬木
日文名 伊呂波楓	# 日本楓	

● 山野間或公園　● 風散佈　● 花期…4～5月，果實…10月

日本楓是楓樹近緣種的代表，生長在野地裡，也被栽種在庭院或公園裡。葉子呈掌狀五裂或七裂，以前日本人會用「伊呂波順」（註：日本假名順序的一種傳統排列方式，代表一數到七）來數著玩，所以也被叫做伊呂波楓，紅楓是雞爪槭的變種，兩種葉片的美麗各有千秋。楓樹近緣種的果實都是兩兩成雙，並附有一張薄薄的翅膀，入秋後轉為鮮紅色。果實成熟乾燥後會一一離開枝頭，迴旋轉圈，在風中飛舞。

日本楓的果實兩兩一組、平行展開，外形像多啦Ａ夢的竹蜻蜓一樣，雖然後來乾燥變輕，但在未拆解的狀態下它們仍舊咚地一聲掉落地面。不過，一旦各自分開——向空中，重心就會偏向一邊，在空中高速地迴旋轉圈。

原寸

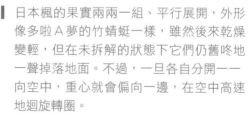

原寸

花期在春天，差不多與葉子同一時間綻放。十到二十朵花成株盛開，仔細一看，只有雄花上佈滿雄蕊，而且雄花和雌花相互混雜。雌花（圓圖）已經自帶一個小小的螺旋槳。

在街邊的行道樹或公園裡也常看見中國原產的三角楓。三角楓的果實兩兩相對，呈銳角展開。

又名：菩提椴
日文名 菩提樹

南京椴

錦葵科／落葉喬木

● 寺院或公園　● 風散佈　● 花期…6月，果實…9月

葉片呈心形，背部有些發白。此外，南京椴的苞片（附著花朵和果實的特殊葉）呈刮刀形，下方中段會長出花序（花朵的集合體）的柄。花序的柄與苞片的葉脈緊密地貼合在一起。

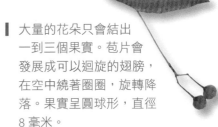

大量的花朵只會結出一到三個果實。苞片會發展成可以迴旋的翅膀，在空中繞著圈圈，旋轉降落。果實呈圓球形，直徑8毫米。

南京椴原產於中國，被視為佛木，在日本寺院中廣為種植，是世界五大行道樹之一。事實上它是南方樹種，與佛祖在樹下開悟的桑科菩提樹完全不同。這裡的南京椴雖只是外表看起來與菩提樹相似的「替身」，但其果核常被用來製作佛珠。南京椴的果實像是形狀怪異的直升機。圓滾滾的果實好比是機組員般吊掛在刮刀似的螺旋槳葉片下方，在葉片旋轉的同時自空中緩緩降下。

近緣種的華東椴是在山野間生長茁壯的落葉喬木，也被種植做為行道樹。果實的直徑約5毫米，末端是尖的。

| 日文名 無患子 | # 無患子 | 無患子科／落葉喬木 |

● 山野間或公園　　● 動物散佈　　● 花期⋯6～8月，果實⋯9～11月

無患子是大型羽狀複葉，特徵是葉軸頂端沒有單葉。花朵在夏季綻放。在枝頭盛開的花穗裡混雜著雄花和雌花，兩者都是白綠色、直徑約 4~5 毫米的小花。

原寸

果實的直徑為 2~3 公分。一個雌花中有三個果實的原料（心皮），但裡面只有一個會發育成果實，剩餘的兩個則退化成壺蓋的形狀。籽的直徑為 1~1.3 公分，被用來做為念珠或是板羽球的羽毛球（註：類似毽子）（P127）。在山野間由野鼠等動物負責運送。

無患樹是落葉喬木，像鳥類羽毛般的樹葉伸展敞開，在公園或寺院裡經常可見。無患子圓滾滾的果實在秋天成熟成褐色後會陸續掉落，一直到春天才會掉光。果實呈半透明，透著光線，可以看見裡面圓圓的種籽形狀，搖一搖會發出骨碌骨碌的聲響。以前的人會用無患子的果皮來清洗物品，也會把無患子的籽打磨後做為念珠使用。在佛教文化中的「菩提子」指的不是菩提樹種籽，而是無患子樹種籽，菩提念珠也是以無患子做成的。

無患子的果皮含有可以起泡的皂苷成份。剝下來的果皮和少量的水一起放入瓶子裡搖一搖，一下子就會產生許多泡泡。（註：台灣早年到處都是無患樹，無患子是很重要的天然肥皂來源。）

日文名 栃／橡

日本七葉樹

無患子科／落葉喬木

● 山野間或公園　● 動物散佈　● 花期…5～7月，果實…9月

日本七葉樹生長在山區沿著溪流河谷等土壤肥沃的地方，也被種植在公園裡或做為行道樹。歐洲七葉樹（P99）因為身為巴黎香榭大道旁的行道樹而聞名，這裡的日本七葉樹與它是近緣種，它們的外觀也很相似。日本的經典童話故事「魔奇魔奇樹」（作者齊藤隆介）講的就是它，大大顆的種籽在日本稱做「栃實」，被用來加工製作成糕點或糰子。雖然做起來有些費工，但真的是好吃到舌頭都要吞進去了！

| 包覆著果皮的果實（左圖）和種籽（右側二圖）。果實的直徑有3~5公分，成熟後會一分為三，一到兩顆種籽會從裡面滾出來。種籽富含澱粉呈粉狀，泡在水裡去除澀液後可以食用。

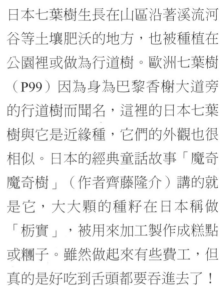

| 日本七葉樹的葉子像手掌似地大幅展開，上方立著高達 25 公分左右的花穗，其掌狀複葉通常具小葉七片，故名七葉樹。大量的花朵裡只有幾個會結果，到了秋天，就可以看到像乒乓球似的圓型果實。

| 掉落到地面果實和種籽。在山裡，松鼠和田鼠等動物會把種籽搬去貯存起來，做為過冬的糧食，一部份沒有吃完的種籽到了春天就會萌芽、生長。

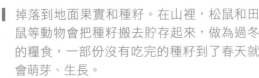

高大且結實纍纍的日本七葉樹。在以前的山間，「栃實」是老天爺賜與的珍貴恩惠。照片中的日本七葉樹是在日本新潟縣的秘境秋山鄉拍攝的。當地有數不清的村落都在江戶時代的饑荒中滅絕，而日本七葉樹的巨木至今仍殘存在這塊土地上。

日文名 黐之木

全緣冬青

冬青科／常綠喬木

● 庭院或公園　● 動物散佈　● 花期…4 月，果實…7～10 月

花朵在春天綻放，是直徑約 5 毫米的黃白色小花，外觀不起眼。有分雄株和雌株，照片裡的是雄株。雄花上有已經退化了的雌蕊，而雌花（圓圖）上有已經退化的雄蕊。全緣冬青的祖先原本同時擁有雄蕊和雌蕊，曾經是所謂的兩性花。

全緣冬青是溫暖地區的常綠樹木，厚實光澤的葉片和豔紅的果實十分美麗，所以也經常被種植在公園或庭院裡。它的樹皮含有像口香糖那樣黏乎乎的「鳥膠」成分，以前人們會把這些成份收集起來黏在棒子的一端用來捕捉鳥類或昆蟲。全緣冬青有分雄株和雌株，雌株在秋天會結出豔紅色的果實。鐵冬青和刻脈冬青也同樣是會結出豔紅色美麗果實的近緣種。

原寸

全緣冬青的果實直徑約為 1 公分，末端黑黑的部分是雌蕊柱頭殘留下的痕跡。果實裡有四顆籽，籽的表面有幾道深紋。

同為冬青科的鐵冬青。經常被種植在公園裡或做為行道樹。鐵冬青有分雌雄，雌株會結實。果實小小的直徑只有 6 毫米，但它們會密密麻麻地長在枝頭，同一時間一起成熟變紅。

刻脈冬青。果實垂吊在長長的果柄末端。它是日本中部以西的山林野生樹種，不過近來在日本的日式庭園或大樓裡也經常可見它的植栽。

| 日文名 青桐 | # 梧桐 | 錦葵科／落葉喬木 |

● 街邊或公園　　● 風散佈　　● 花期⋯5月，果實⋯9～10月

▌ 花朵聚集成串綻放。直徑約1公分，有雄花和雌花。反身外弓的五枚花萼代替了花瓣的作用。

▌ 一朵雌花可以結出五組果實。果實呈袋狀，裡面中空，裝了滿滿的水。當時序來到七月尾聲時，果實會由上裂開，變成像船的形狀。因為只從上方裂開一點點，所以裡面的水不會溢出。

梧桐生長得很快，一般栽種在公園或做為行道樹。開裂的大片樹葉或整棵樹的外觀都很像泡桐（P112），且樹枝和樹幹呈綠色，所以日本稱為青桐。秋天，船型般的果實會像枯萎的葉子般成熟變乾，一邊在空中旋轉一邊降落到地面。圓滾滾的種籽規規矩矩地坐在小船的邊緣。這神奇的船型果實真是越看越覺得不可思議。

原寸

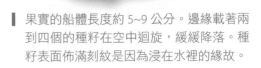

▌ 果實的船體長度約5~9公分。邊緣載著兩到四個的種籽在空中迴旋，緩緩降落。種籽表面佈滿刻紋是因為浸在水裡的緣故。

利用風力飛行的種籽 [2]

有翅膀的種籽：梧桐

　　種籽周圍一圈薄薄開展的部份被稱為翅膀。像梧桐或是楓樹等樹，其種籽的重心會偏向翅膀的一邊，所以種籽可以在空中旋轉降落，乘風移動。

　　春榆的種籽重心接近正中央，所以它可以四平八穩、不搖不晃地在空中飛翔，凌霄花的種籽重心在翅膀中央前側，所以飛行的時候像滑翔翼一樣。

有絨毛的種籽：西洋蒲公英

　　有些種籽的末端附有非常纖細的毛束，可以蓬軟地漂浮在空中。這一類的種籽只要在天氣變暖時乘著輕盈的空氣就可以高高地在天際飛舞，通常多見於低矮的蔓性植物或草本植物。

　　蒲公英和大薊的絨毛是花萼變化而成，稱為冠毛。細梗絡石的絨毛是由種籽的一部份散生出來的，稱為種髮。

春榆

凌霄花

原寸

大薊

三葉楓

細梗絡石

蓬鬆柔軟、旋轉繞圈，在風中飛舞的種籽

像膠囊保存著遺傳信息，在遙遠的將來萌芽生長

閃耀著銀光的絨毛
也有著旋翼的設計巧思

　　和動物不同，植物的根紮在土地裡，動彈不得。不過，植物製造了種籽這個又堅韌又精巧的膠囊，以致能達到自由移動的目的。種籽裡裝載著遺傳的訊息以及來自母親的便當，它們或乘著風力飛翔，或借著水波漂流，或利用鳥類或動物，或自己彈飛四散來離開母株植物，朝新的天地出發。

　　風是可靠的交通工具。只要靜靜等待，它就會來把種籽載走。不過話雖如此，種籽還是必須擁有能夠抓住風力的配備才行。

　　蒲公英展開絨毛光澤耀眼的降落傘。一根根的細毛在空中產生空氣阻

大薊

力，只要風一吹拂，它就可以像浮在半空中似地緩緩在空中飄揚飛舞。雖然同為菊科的冠毛，但用放大鏡觀察會發現，大薊降落傘上的毛像鳥類的羽毛一樣分枝。苦苣菜的絨毛和安哥拉毛一樣柔軟，不過它很脆弱，只要一沾附溼氣馬上就趴軟無力。反之，一枝黃花的絨毛數量少但強韌度夠，不易破壞。如上所述，這類具有絨毛外形或絨毛性質的植物種類繁多，它們整體的重量輕，只要乘著風力就可以往上在半空中飛舞，低矮的草本植物也經常可見這類型的種籽。蔓生植物細梗絡石的種籽直徑總長可達 5 公分，附有白毛的降落傘開展開來，輕飄飄地飛舞著，這細毛直徑大約只有 20 微米，它不但極為纖細而且還是中空的。植物在很久以前就已經在開發新的極輕素材纖維了。

直升機、螺旋槳以及粉塵狀種籽

　　有的植物也自帶在空中飛翔的飛行器。楓樹和松樹就是在種籽的一側

安裝了螺旋槳使之可以在空中快速迴旋轉圈，拉長在空中停留的時間，以便能被送往更遠的地方。楓樹種籽的表面有許多突起的線型條紋，這些刻紋可以起到整流器的作用，避免空氣產生渦漩，使飛行更加穩定。南京椴（P78）和梧桐（P84）則是許多果實聚集在一起搭乘大型的直升機送往它處。南京椴附有被稱做苞片的特殊葉片做為翅膀，而梧桐則是將一分為五的果實外皮設計成為可在空中遨翔的飛船。什麼都可以改造成為翅膀，植物的創意可見一般。

街邊或公園裡常見的櫸樹（P59）用了稍稍不同的方法讓種籽在空中飛翔。櫸樹小小的果實附著在葉子的根部，到晚秋時分樹木枯萎時，帶著果實的小枝條會整個一起脫離樹木，這時枯萎的葉子就可以代替翅膀載著果實在空中起舞飛翔。秋天一到，葉子在基部會形成離層（註：指葉、花、果實脫離莖時，在這些器官的基部所形成的特殊細胞層。）使葉子脫離落下，只有櫸樹果實附著的枝條是在枝條的基部形成離層，而不是在單一葉片的基部形成離層。採用螺旋槳的種籽通常因為重量較重，一定要有更優於絨毛的上升力

野菰

量才行，所以這類的種籽大多都只限於高大的樹木。

雖然沒有像是降落傘或是螺旋槳之類的特殊裝備，但若是種籽像粉塵一樣微小，應該也可以輕飄飄地在空中飛舞才是。事實上，野菰（P63）這類植物就是這項理論的實踐者。直徑只有 0.1 毫米，重量只有百萬分之一克的微小種籽徹底將取自母株植物的便當（養份來源）完全剔除，讓自己的重量達到最輕。這種「種籽像粉塵」般的野菰是寄生植物，一旦種籽發芽就附著在宿主芒草或是茗荷的根部，吸取養份生長。換言之，因為是寄生植物所以重量才能如此輕。事實上，蘭花類的種籽自發芽開始也是仰賴泥土裡的菌類提供營養才得以生長，所以它們像灰塵一樣微小，而且重量極輕。

這是果實嗎？
蟲癭

掉落在地面的蚊母樹蟲癭。圓圓的孔洞是小蟲子逃脫時的出口。將孔洞湊近嘴巴吹氣就會發出聲音。

　　本以為樹木的枝頭上結了果實，但總覺得哪裡怪怪的。

　　金縷梅科的蚊母樹枝頭會結出長達 7 公分，看似果實的巨大物體。當它枯萎掉落地面後湊近一看，上面開了一個圓孔，裡面整個都是中空的。這是什麼東西啊！？

　　蟲癭（注音ㄧㄥˇ、英語 Gall，是指植物組織受到昆蟲或其他生物刺激而不正常增生的現象）是蚜蟲或是癭蜂等昆蟲寄生在植物樹枝或樹葉上而形成的腫包。昆蟲注入的物質干擾了植物的生長，以致形成了不正常的構造。昆蟲啃食蟲癭內柔軟的組織同時，也可以藏在裡面避開鳥類或是肉食昆蟲，安全渡日。小蟲子等時機成熟時就會離開，為了到時候可以出得去，因此上面有開一個洞。

　　不同種類的植物也有種種不同的蟲癭顏色和形狀。其中，蚊母樹有多種的蚜蟲寄生，所以也形成了各種不同的蟲癭。野茉莉（P98）和莢蒾（P144）的蟲癭也很新奇有趣。也有色彩美麗的蟲癭。

　　撿起蚊母樹的蟲癭朝著洞孔吹氣，會發出像陶笛般的聲音。以前小朋友都吹著玩。卡通龍貓在樹上吹的大概也是這個吧？

1　蚊母樹上的蟲癭。大小約為 5 公分。
2　蚊母樹上的蟲癭。大小差不多是小嬰兒的拳頭。其形狀之所以和 **1** 不同，是因為寄生的蚜蟲種類不同。
3　這是蚊母樹本身的果實。果實成熟時會裂開，和金縷梅（P71）的機制一樣，趁勢將種籽彈射出去。

種籽是
時光旅行者

種籽利用風、水或是動物的助力往全新的場所旅行。然而這趟旅行不僅僅是空間的移動。

一年生的草本植物會以種籽的形態渡過生活環境艱困的季節。乾燥的種籽以休眠的狀態輕鬆熬過酷暑、極寒或是乾燥的環境。在河邊、田邊或空地等等環境條件不確定性極高的地方，種籽掌握了可以存活下來的鑰匙。當某一植物全部被消滅殆盡時，若種籽沒有殘存下來就沒有明天了。所以植物的種籽一定要長壽才行。

環境穩定的森林裡也有長壽的種籽。森林陰暗的地面不適合幼小的樹木生長。當周遭的樹木頹倒，四周明亮起來時，蟄伏等待的種籽會快速地立刻冒出頭來。

在河邊生活的毛蕊花。種籽的壽命為一百年以上。

月見草是空地或河邊的雜草。種籽的壽命為八十年以上。

可是，要如何判斷醒來的時機呢？

種籽裡有一種感應機制可以精密地掌握周遭環境的變化。這種感應的偵測方法有很多，有光線強弱，有溫度高低，有時還包括溫度變化的幅度。其中也有優異的種籽可以從光線的微妙差異來判斷自己頭上有沒有葉子，只有在沒有葉子的時候它才會發芽。種籽們就這樣自在地在時間裡旅行。本該動彈不得的植物其實穿越了時空將生命送往未來。它們可謂是時光旅行者。

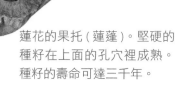
蓮花的果托（蓮蓬）。堅硬的種籽在上面的孔穴裡成熟。種籽的壽命可達三千年。

用種籽做做看

用橡實體驗
手作的樂趣！

試著製作各種不同的手工藝品

橡實陀螺

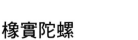

在橡實的底部用錐子開個洞，插入牙籤就完成了。照片中的是麻櫟的橡實。麻櫟的殼較軟，所以製作起來較為容易。先把橡實的底部在水泥地上磨擦一下削平，插入牙籤時就容易多了。

用油性筆在橡實上畫臉譜！

如果尖尖的部份朝上，看吧，它就好好地站著。如果尖尖的部份朝下，它看起來就像個光頭。不論是圓的或是尖的，把各式各樣的橡實都拿來試試吧！

用橡實和殼斗
（橡子帽）
來做小動物！

這是用青剛櫟的橡實和橡椀做成的。

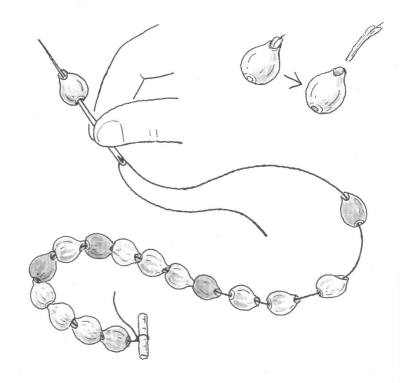

用薏苡體驗
手作的樂趣

做成項鏈試試

薏苡是在草地裡或空地上生長的禾本科多年生草本植物。秋天時會結出表面光滑、顏色呈淡褐色或灰色的堅硬果實。在薏苡果實的中央開個貫穿的小洞，就可直接做為唸珠。用針穿線串起來，就是一條美麗的項鏈。先使用鑷子等工具將薏苡中間的梗拔掉，穿針的時候就會容易許多哦。（註：薏苡的種仁便是薏仁）

日文名 唐茱萸　　　**多花胡頹子**　　　胡頹子科／落葉灌木

● 庭院或山野間　● 動物散佈　● 花期⋯4～5 月，果實⋯6～7 月

花朵在春天綻放，氣味香甜。花朵的側面和花梗上覆有一層閃亮亮的鱗毛。葉片背面的鱗毛呈銀色，有時也會雜夾著一些深褐色的鱗毛。

多花胡頹子的果實約長 1.5 公分。果實的表面也有閃亮亮的銀色鱗毛，味道甜中帶點苦澀，但澀味不會殘留口中，所以美味可以食用。種籽長度約 1 公分左右，表面有八條縱稜。

原寸

多花胡頹子是山野間的灌木。胡頹子家族的特徵是葉片背面像貼了一層錫箔似地閃閃發光，紅色的果實也像帶了銀箔似的散發著光芒。多花胡頹子的根有根瘤菌共生，可以取得養份，所以在貧瘠的土壤裡也可以生長得很好。多花胡頹子的果實味道甘甜可口，只有一點苦澀味，所以也被做為果樹栽種，也有培育出果實較大顆的品種。其他像是夏茱萸或是秋茱萸等果實也同樣味道甘甜，可食用。

近緣種的小葉胡頹子（又名秋茱萸）生長在河邊或野地裡，葉片細長。果實在秋天成熟，呈圓球狀，直徑大約 8 毫米左右比較小顆，味道酸甜可以食用。

| 日文名 飯桐 | # 山桐子 | 楊柳科／落葉喬木 |

● 山野間或公園　● 動物散佈　● 花期…4～5月，果實…10～11月

▌ 雄花（上圖）和雌花（下圖）。兩者都沒有花瓣。雄花直徑約 1.5 公分，上面有許多黃色的雄蕊，特別醒目。雌花呈綠色較不起眼。花香甘甜芬芳。

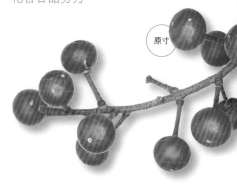

原寸

山桐子是山間樹林或公園裡常見的樹木。在秋末冬初之際，向外擴展生長的枝條上會垂掛著一串串像葡萄似的鮮紅色果實。山桐子的外觀很像泡桐，在以前的日本，人們會用它的葉子來包裹米飯，所以它的日文名字叫做「飯桐」。山桐子有雄株和雌株，只有雌株會結出果實。它的果實雖然美麗，但果肉又臭又苦，連鳥兒都不吃，就算到了隔年開春都還留在冬天枯萎的枝頭上。

▌ 果實成串，整串長達 20~30 公分。一顆果實的直徑約為 1 公分，和南天竹相似（P49），黃色的果肉裡有幾十顆的種籽。種籽長約 2 毫米。山桐子的果肉臭臭的，苦苦的，很難吃。

當日本女貞等樹木的果實被吃光了之後，棕耳鵯就會聚集過來啄食。也許它就是藉由難吃的果實來調節種籽的散佈也不一定。

| 日文名 百日紅／猿滑 | # 紫薇 | 千屈菜科／落葉小喬木 |

● 庭院或公園　　● 風散佈　　● 花期…6～9月，果實…9～12月

紫薇是原產於中國的園藝植物，因為它的樹幹表面平滑，光溜溜的，所以在日本被稱為SARUSUBERI（漢字：猿滑）。它在日本的另一個別名「百日紅」是因為紅色的花期長，橫跨夏季到秋季接連持續綻放，在宛如千代紙工藝般的花朵盛開後，像彩球似的圓形果實開始結果。當樹葉轉紅時果實成熟開裂成六，轉著圈圈的稚趣種籽在空中散落飛舞。

原寸

花瓣有六片，其精美的皺摺，宛如精細的千代紙工藝（註：千代紙起源於京都，由奉書紙所製成，是一種十分昂貴只提供給皇室使用的紙，色彩鮮豔，做工精細。）。雖然每一朵花的壽命只有短短兩日，但花蕾會一一地成熟綻放，所以花期很長，就算沒有百日也可橫跨七到九月，隨時都可以看到花朵在枝頭盛開。

果實的直徑約為 1 公分，外形圓滾滾的，成熟乾燥後裂為六瓣，像彩球一樣開裂，帶著翅膀的種籽被 到空中，旋轉降落。種籽的長度約為 7 毫米，因為在圓圓的果實裡生長，所以背面圓鼓鼓的，很是有趣。

| 日文名 青木 | # 東瀛珊瑚 | 桃葉珊瑚科／落葉灌木 |

● 山野間或庭院　　● 動物散佈　　● 花期…3～4月，果實…12～3月

東瀛珊瑚有分雌株（上圖）和雄株（圓圖），如果不是生長在有花粉的雄株近處，雌株就無法結果實。據説，在英國的東瀛珊瑚雌株是等了大約八十年後才有人將雄株運至英國，也是在那之後才得以結出紅色的果實。東瀛珊瑚的花朵不論雌雄皆為可可色，直徑約1公分。雄株的花朵數目較多。

東瀛珊瑚生長在溫暖地區的樹林下，也被栽種在庭院中或公園裡。它的枝幹顏色青翠，看起來綠油油的，所以被命名為東瀛珊瑚。在冬天，油亮綠葉搭配鮮紅果實的聖誕配色很是引人注目。花單性且雌雄異株，故單株無法結果，在日本江戶時代末，許多造訪日本的英國人醉心東瀛珊瑚的美麗，將結了果實的東瀛珊瑚帶回英國，然而，苦等了多年都無法結果！

原寸

東瀛珊瑚的果實長度約1.5~2公分，直徑為1~1.3公分。體型較大的棕耳鵯等鳥類會啄食其果實。雖然東瀛珊瑚的果核沒有硬殼，但具有彈性，可從鳥類的糞便中排出。有時會看到的橢圓形果實是因為有東瀛珊瑚果實癭蚋寄生而形成的蟲癭，它不會變紅，裡面也沒有種籽。

· *Benthamidia florida* ·

| 日文名 花水木 | # 大花四照花 | 山茱萸科／落葉小喬木 |

● 街邊或公園　● 動物散佈　● 花期…4～5月，果實…10～12月

看起來像花瓣的是「總苞」，是包圍花序的帶色變形葉片。總苞片有四片，頂端呈圓形，有粉色和白色的品種。

原寸

十幾朵花大約有一半會結成果實。果實長約1.2公分，裡面有一顆堅硬的籽。成熟時會呈鮮紅色，試一下味道，其苦無比。這樣的設計是為了好讓鳥兒整顆吞下，以便運送種籽。日本的四照花（P97）為了配合猴子，結成的果實已經整個演化成一顆，外形渾圓，滋味甘甜。可是在沒有猴子的北美洲，大花四照花為了配合鳥類就演化成了可以一口吞下的大小。

大花四照花原產於北美洲，因其花朵、果實和紅葉的外觀皆美，所以被栽種於公園裡或做為行道樹。它的葉子和花朵與四照花（P97）相似，但結出的果實全然不同。看起來只有單個的花朵其實是許多花的花序，十顆左右的果實像星星糖一樣集中在一起成熟變紅，但味道苦澀。大花四照花與四照花是同一個祖先，為什麼在日本和在北美會長得不一樣呢？

日文名 山法師

四照花

山茱萸科／落葉喬木

- 山野間或庭院　　● 動物散佈　　● 花期…3～4月，果實…12～3月

四照花是山裡的落葉喬木，也被栽種在庭院中或做為行道樹。看起來像四片花瓣的是總苞，球形的花朵集中在總苞的中央綻放。在日本，因為它看起來像是平安時的山法師扮相，所以被稱為山法師（請聯想一下武藏坊弁慶的樣子）。（註：武藏坊弁慶是日本平安時代末期的僧兵，他的經歷經常被當做日本神話、傳奇、小說等作品的素材，為武士道精神的傳統代表人物之一。）許多花朵緊緊依偎在一起就這樣結成了一顆圓圓的果實，秋天成熟變成珊瑚色後就掉落到地面上。這果實嚐起來根本就是甜蜜蜜、黏滋滋的熱帶水果！

| 四照花的果實在秋天成熟，直徑約1~2公分，雖然看起來只有一個，但實際上它是許多果實合而為一的圓形聚合果，聚合果上像足球一樣的紋路是每一顆果實殘留的模樣。果實成熟後內部會變得黏稠，味道甘甜且散發香氣，像芒果一樣可口。裡面有一粒乃至數粒種籽，非常堅硬。在山裡主要是靠猴子食用果實來運送種籽。

原寸

| 花朵在梅雨季節綻放。白色的總苞（包圍著花或是花序的變形葉片）末端尖尖的，直徑可達 10 公分。中間有二十到三十朵球狀的花緊緊地擠在一起（圓圖）。花朵呈黃綠色，直徑約 4 毫米。

野茉莉

日文名 野茉莉 　　　 安息香科／落葉喬木

• 山野間或公園　• 動物散佈　• 花期…3～4月，果實…5～9月

花期在4月。直徑大約2.5公分的白色花朵數朵結成一串向下垂掛，香氣甘甜。

果皮中含有的鹼味成份是會起泡泡的皂苷。把未成熟的果實壓扁浸泡在水裡會立刻起泡，所以以前被用來洗濯物品。堅硬的種籽可以用來玩扮家家酒或是丟沙包的遊戲。

野茉莉是山野間的樹木，花和果實都很可愛，所以也被種植於公園裡。咀嚼果皮會有強烈的鹼味（喉嚨會癢癢的），所以日本稱它為EGONOKI（鹼味樹）。秋天當果皮乾燥脫落，堅硬的種籽就會垂掛在枝頭。山雀之類的鳥類（如小圓圖）會破壞外殼啄食內容物，不過有一部份會落到地面上埋藏起來。於是被遺忘的種籽在春天發芽生長。野茉莉的果實是專為山雀設計的小堅果。

在枝頭上會結出像是小香蕉串似的物體。這是被一種名叫做貓爪癭蚜的蚜蟲寄生而形成的蟲癭（P88）。蚜蟲在蟲癭裡面繁殖，在野茉莉與禾本科的蕘竹之間往來生活。圓圖中的就是蟲癭的剖面圖。

由動物運送的種籽 [1]

核桃或橡實等外面有一層堅硬外殼包覆著裡面美味果仁的果實稱為堅果。松鼠破壞外殼食用裡面的果仁，此外，還會把它們運往他處，一個一個埋在地下貯藏起來，在冬天裡慢慢地一一挖出來享用。而這些被貯存起來的堅果常常會有一部份沒被吃完，長出芽來。也有像野茉莉那樣靠鳥類收藏而被運往他處的種籽。

山毛櫸

在北方國度茂密成林的樹木。圖中是它顆粒小營養價值高的三角形橡實。

原寸

歐洲七葉樹（又名馬栗）

是日本七葉樹（P80）的近緣種，果皮（左圖）滿是棘刺。靠松鼠或野鼠搬運、埋藏種籽。

原寸

原寸

茶樹

山茶科的常綠樹，樹葉可以做茶。圓圓的種籽內含油脂。

神奇種籽的時空旅行

各式各樣的種籽旅行

　　果實之秋。平日的庭院裡或街道旁有各種不同的植物結出果實。夏天裡純白色花朵開滿枝頭的野茉莉也垂掛著硬殼的種籽，迎風搖曳。在我們周遭的種籽們正開始迎來旅行的季節。

　　種籽們是如何旅行的呢？它們有各式各樣的旅行方式。

　　楓樹的種籽採迴旋繞圈的方式離開枝頭。小巧精緻的翅膀迴旋轉圈，乘著風力像直升機似地向空中起飛。也有種籽是隨著流水移動的。種籽們巧妙地借助著大自然的力量。

　　也有種籽是利用鳥類或動物來移動的。野茉莉種籽的堅硬外殼下充滿了山雀等鳥兒愛吃的油脂。山雀會將沒能一次吃完的種籽運往別處，埋在土裡貯藏起來。那裡也可能是適合發芽的明亮場所，而且深度埋得恰到好處。

　　森林裡的野鼠也會儘可能地搬運

食物。結實纍纍的橡實也會借助鳥類或動物們的力量移動到各個不同的場所，在確保不被吃光的情況下發芽成長。

不過，旅行的風險也是免不了的。能夠幸運來到新天地發芽成長的種籽極為少數，大部份的種籽幾乎都壯烈犧牲，不是被吃掉就是腐壞掉。

為什麼植物要把肩負傳承大任的種籽送出去旅行呢？

奧秘的種籽世界

植物和動物不同，它們的根一旦紮進土裡就無法移動了。如果種籽沒有被送出去就在母株植物附近發芽的話，那麼親子之間或是兄弟姐妹之間就要為生存競爭了。要避免和自己人競爭，它們必須到新的地方增加存活的機會。

所以植物為了將種籽運送到遠方、四處散播，它們費盡心力，或讓種籽自帶翅膀，或吸引動物前來將種籽運走。

小小的種籽發出幼芽，成長苗壯。這也是另一件很神奇的事。這麼小的種籽裡竟然裝著生命的泉源，乘載著發芽、茂葉、開花、結實的生命程式。

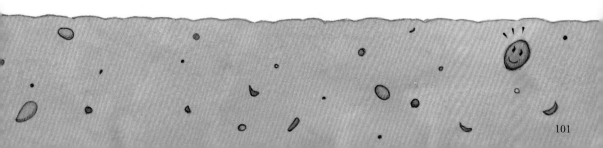

不僅如此。小小的種籽可以輕易熬過成年植物無法存活下去的寒冬氣候或乾燥環境，它們仍舊可以發芽成長。而且不僅僅是一個冬天，它們可以等待幾年或幾十年後才發出幼芽。

比如說路旁的一些廢棄大樓或房屋，一旦準備改建，就會有各種雜草叢生。這些種籽有些的確是被風吹來的，但有些應該是從幾十年前房子蓋好之前就一直埋在土裡，等到現在才發芽的。環境有沒有變亮？溫度有沒有變化？在睡眠中的種籽仍然敏銳地感應著，「好，就是現在！」下一刻立即發芽。種籽具備休眠的能力，同時，它們也具備只要有絕佳機會就絕對不會錯過的甦醒能力。

我們現在腳下正踩著的這片土地裡，也有無數顆種籽在休眠。說不定現在已經絕跡的植物種籽正偷偷摸摸、不被發現地在土壤裡生活著。我們今天早晨看到的雜草說不定其實是在我們出生前就一直待在土壤裡休眠的種籽發芽後長成的。

已經成年的植物，幼小的植物，以及無數顆正在休眠的種籽們。它們的週期長達幾十年、幾百年，緩慢地延續了好幾個世紀。種籽是穿越時空的微膠囊，它的移動不單僅是空間，在時間裡也能自由移動。包括人類在內的動物只能存活在現在這個時間

裡，但植物卻能以種籽的形態將生命送往未來。

我們眼前所見的一切並非理所當然。種籽、植物都有其神奇之處。這麼想來，往日裡司空見慣、等閒視之的風景和植物，看看！它們是否都變得更燦爛耀眼了呢？

羅漢松的果實美味可口！

甜滋滋的小芥子果凍

伊豆的正月開春，我前往村子角落邊的「山神社」走春參拜。被常綠大樹圍繞著的神社正好處在兩個領域的交界處，一邊是人類安居生活的村莊田園，一邊是神鬼巢穴所在的深山野林。以前人們向諸神祈願大自然的恩惠以及平安順遂，但另一方面，他們也對荒山中的野獸或是神秘的超自然力量心存敬畏，劃清界線：「到這裡為止，別再前進」。山邊的神社還遺留著人們自古以來對自然的原始崇拜。

在神社裡我撿到了一個有趣的東西。一個綠頭紅身體的小芥子。高度大約 3 公分。感覺好像是「芥子餅乾」之類的東西。（註：小芥子是日本傳統木雕玩具）

那是羅漢松的果實。正確地說，紅色的部份是「花托」，而因為羅漢松是裸子植物，所以綠色的部份也不是果實，它相當於羅漢松的種籽。

圓柱形的身體呈紅色透明，柔軟有彈性。試吃看看，根本就是果凍。又黏稠又香甜。

紅色香甜的芥子果凍是鳥兒的小零嘴。鳥兒買來時開開心心地啄食，然後把綠色的贈品（也就是種籽本身）帶往其他新的地方。

綠色的圓頭是種籽，堅硬且覆著一層薄蠟，有臭油味。看起來就是一副不好咬的樣子。難怪種籽可以毫髮無傷地被送往他處。

山裡的小芥子果凍。現在就算散落在路邊也沒有人會注意了，不過對以前人來說，這應該是最好吃的雷根糖了。

羅漢松

連中心都很Q彈的
藍黑色漿果

龍鬚草的「龍珠」

龍鬚草

冬天的林子裡有藍色的寶石正在冬眠。

在樹下，茂密的龍鬚草細葉開散成球形。龍鬚草是百合科的常綠多年生草本植物，在日本又名蛇鬚草，因生長呈圓弧狀的細葉像傳說中的龍或是蟒蛇的觸鬚，故因此而得名。

冬天一到，直徑約8毫米的圓形果實閃耀著藍黑的光芒，像是名為青金石的寶石。這果實也被稱為「龍珠」，意味著位於龍頭的寶珠。

馬上開始尋寶。站著俯視地面，什麼都沒發現。彎下腰來一撥開葉子，眼前閃閃發亮。圓滾滾的耀眼寶石立刻現身。多美的色彩啊！

在植物學的範疇裡，這不叫「果實」，而是「種籽」。果皮的部份開花後脫落，裸露出的種籽成熟後變成藍色。藍色的部份是種皮。裡面的種籽本身呈現蛋白石似的乳白色，堅硬且有彈性。

剝去藍色的皮，取出乳白色的小珠子，試著用盡全力朝著路面的石板或水泥地面上一丟……咚！

竟然可以彈得這麼高。沒錯，它就是天然的超級彈力球！以前的孩童們都拿它來當做竹槍的子彈玩耍。

冬天的樹林閃亮耀眼。寶石落到地面後彈跳起來，在澄淨的天空中劃出一個圓弧。

龍鬚草

| 日文名 八手 | # 八角金盤 | 五加科／常綠灌木 |

● 山野間或公園　● 動物散佈　● 花期…10〜11月，果實…4〜5月

花在初冬時期綻放。白色的花朵集結成球狀，約乒乓球大小，花朵交相重疊，花團緊簇。花朵先長出雄蕊（如上圓圖），待花瓣和雄蕊掉落後才長出雌蕊（如下圓圖）。花朵上方表面如海綿一樣，有水滴般的花蜜滲出。

八角金盤生長在溫暖地區沿海的樹林裡，因為其性耐蔭，所以也被栽種在庭院或公園裡。它的葉片呈掌狀八裂，故名八角金盤。在初冬時分，像煙火般的白色花序豎立在大形葉片的上方。果實在春天快結束時成熟變黑。仔細一看，果實的上方頂著一個灰色的帽子，帽子的頂端還有幾根細毛。怎麼會有如此奇怪的造型呢？

原寸

果實的直徑為 7~10 公分，成熟的果實會由酒紅色變成黑色。灰色的帽子部份是花朵時期產生花蜜的地方，頂端的毛是雌蕊殘留的部份。種籽通常有五顆，長度約4~5 毫米，略呈扁平狀。

| 日文名 萬兩 | # 硃砂根 | 報春花科／常綠灌木 |

● 山野間或庭院　● 動物散佈　● 花期…6～8月，果實…9～12月

花朵在盛夏偷偷綻放，直徑約 8 毫米，呈白色，花瓣反身外弓，正面朝下。

原寸

裝飾新年的紅色果實。圓滾滾的果實嬌羞地隱藏在綠葉間，向下垂掛著。美麗的果實有著價值萬兩的美名。它與名字兩相呼應的紅果金粟蘭（千兩）同被視為喜慶、吉祥的植物。因為鳥類運送種籽的密度與批次大增，所以原本被當成園藝植物引進美國南部的硃砂根侵入當地的野生林地，成了令人頭疼的外來種。

果實為直徑 6~8 毫米的球形，頂端還殘留著已經枯萎的雌蕊。鳥兒受到鮮紅色果實的吸引前來啄食，但因為不好吃，所以一直到翌年春天（有時候到夏天）都還能留在枝頭上。大概是因為味道水水的又沒什麼營養，所以鳥兒每次只吃一點就不吃了吧？不過也多虧了這點，種籽才能這麼順利地被帶往各處，每次少量地分批散播。種籽的直徑為 5~6 毫米，表面有像日本手毬一樣的紋理。

日文名 鼠黐

日本女貞

木犀科／常綠小喬木

● 山野間或公園　● 動物散佈　● 花期…4～8月，果實…8～12月

木犀科植物的花朵大多芳香宜人，但日本女貞的花卻不太好聞。花朵的直徑約為 5 毫米左右，花瓣在末端開展成四裂。

原寸

果實的長度約為 1 公分，成熟時果實的顏色呈灰色接近紫色。果實裡有一到兩顆種籽，鳥類啄食果實並將種籽散播各處。

原寸

日本女貞是在溫暖地區生長的植物，也經常被種植在庭院或公園裡。因為它的葉子和全緣冬青（P82，樹皮含有像口香糖那樣黏乎乎的「鳥黐」成分）相似，且黑褐色的細長形果實讓人聯想到老鼠的糞便，所以在日本被命名為鼠黐。棕耳鵯喜愛日本女貞的果實，結滿枝頭的果實大致上在年前就會被啄食一空。果實同樣似乎頗受鳥類青睞，與日本女貞十分相似的中國女貞通常到隔年開春時分都還看得到有果實殘存在枝頭。

有一種與日本女貞十分相似的樹種，它是原產於中國的中國女貞，在都市的公園等處都有栽種，有些也在野地裡自然生長。中國女貞的花開得較晚，在六到七月間綻放，秋天成熟的果實圓滾滾的覆有一層白粉，種籽的外形也與日本女貞不同。

| 日文名 梔子 | # 梔子花 | 茜草科／常綠灌木 |

● 庭院或山野間　● 動物散佈　● 花期…6～8月，果實…10月

花的直徑約為 6 公分，香氣與茉莉花相似。也有花形較大的園藝品種。花瓣接續的部份呈細長的筒狀，裡面存有花蜜。花粉借助蛾來傳播。

果實的末端還殘存著萼片，成熟時呈橙色，果肉和果皮都很柔軟，鳥兒不停地啄出一個洞來，就可以吃到裡面的果肉。果肉裡滿滿都是紅色的堅硬種籽。種籽直徑約為 3 毫米，外觀扁平。照片中的果實裡含有 195 顆種籽。乾燥後的果實被用來做為食品的染色劑（P147）。

梔子花的花朵香氣芬芳，果實色彩豔麗。純白色的花朵飄散著宜人的芳香。現今被種植在庭院或公園裡的梔子花原本是生長在溫暖地區的植物。紅色的果實可提取黃色色素，用來做為醃蘿蔔和栗金團等食品的染色劑（P147）。果實的形狀特殊，因為即使成熟也不會開裂所以在日本也被叫做「口無し」（沉默之意）。棋盤的腳就是模仿其形狀製作的，取其「觀棋不語」之意。

原寸

日文名 紫式部

· *Callicarpa japonica* ·

日本紫珠

唇形科／落葉灌木

● 山野間或庭院　● 動物散佈　● 花期…5～7月，果實…8～10月

淡紫色的花朵直徑約 3~4 毫米，集中在葉的兩側綻放。長長的雄蕊給人纖細的印象。在以前原本被歸類為馬鞭草科，新的分類已被歸為唇形科。

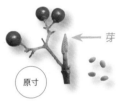

芽

原寸

果實的直徑約為 4 毫米。果肉白色柔軟，微微甘甜。一個果實裡有四顆籽。過冬的初芽是維持著幼葉形態等待春天到來的「裸芽」（註：裸芽指的是生長在濕潤的熱帶地區的木本植物及溫帶地區的草本植物，它們芽的外面無鱗片，僅為幼葉所包裹），由此可以得知此類植物原本來自於南方。

日本紫珠生長在雜木林裡，也被種植在庭院裡，秋天一到，紫色的果實就如同寶石一般閃亮耀眼，因美麗的紫色，它在日本被冠上安平時代才女作家紫式部的名字。想吸引鳥類啄食的果實通常會呈現紅色或黑色來引起鳥兒的注意，紫色的果實在其中並不多見。日本紫珠的果實顆粒小且質地柔軟，主要借助綠繡眼等小喙的鳥兒啄食來運送種籽。

一般被當做日本紫珠栽種的大多是近緣種的紫珠（又名小紫珠）（如右圖），它的果實直徑約為 5 毫米，密集地生長在下垂的枝條上。

日文名 枸杞

枸杞

茄科／落葉灌木

• 山野間或道路旁　• 動物散佈　• 花期…5～10月，果實…7～11月

花朵呈美麗的紫色，花期在夏季
到秋末左右陸續綻放。花朵的直
徑約 1 公分，開展呈五裂，五根
雄蕊向外突出。花開完後會變成
淡褐色。

白英（Solanum lyratum）是茄科
的蔓生植物，生長在山野間。它
圓形的果實與枸杞相似，但有毒
不能食用。

枸杞是生長在明亮草地上的低矮灌
木，高度約為 1 公尺左右。向四方
伸展的枝幹到處長滿了銳利的尖
刺。枸杞是茄科的藥用植物，乍看
之下與辣椒相似，紅寶石般的紅色
果實生吃味道微苦微甜。果實經乾
燥後在市面上販售，被用於料理或
養生酒。其嫩葉是美味的山菜，用
來製作佃煮更是一絕！

原寸

果實長約 1~1.5 公分，內容物和
番茄一樣，裡面滿是滑溜溜的果
肉和種籽。一顆果實裡裝有幾粒
乃至幾十粒直徑約 2.5 毫米的扁
平種籽，連同果肉一起咕嚕一聲
滑入口中。在野外靠著鳥類啄食
來運送。

又名紫花泡桐

日文名 桐

· *Paulownia tomentosa* ·

日本泡桐

泡桐科／落葉喬木

● 村落　● 風散佈　● 花期…5～6月，果實…8～9月

在日本關東地區，每逢五月連續假期期間，枝頭就會聳立著高達50公分的巨大花束。花朵的長度約為5~6公分，呈美麗的淺紫色，在樹葉抽芽前綻放，從遠處觀看仍是那麼地引人注目。

果實長度為3~4公分，從照片（剖面）可見，裡面的空間一分為二，小小的種籽塞滿其中。果實在秋天乾燥變硬，從頂端裂成兩半，種籽乘風飛散。種籽的長度約3~4毫米。

日本泡桐原產於中國南部，在以前人們密集地栽種，用來做為製作衣櫃的材料。像灰塵般的種籽乘著風力飄向遠方，落地後幼小的樹苗成長茁壯，大片的葉片伸展密佈。它的策略是讓無數的種籽四處飛散，迅速地占領一方明亮的場所，以增加繁衍的機會。照片中可以看到夏季時分枝頭上同時存在著今年結成的幼嫩果實（綠色）以及去年留下的已經裂開的果實（褐色）。

成熟後的果實從頂端裂開，裡面的籽四處飛散。

原寸

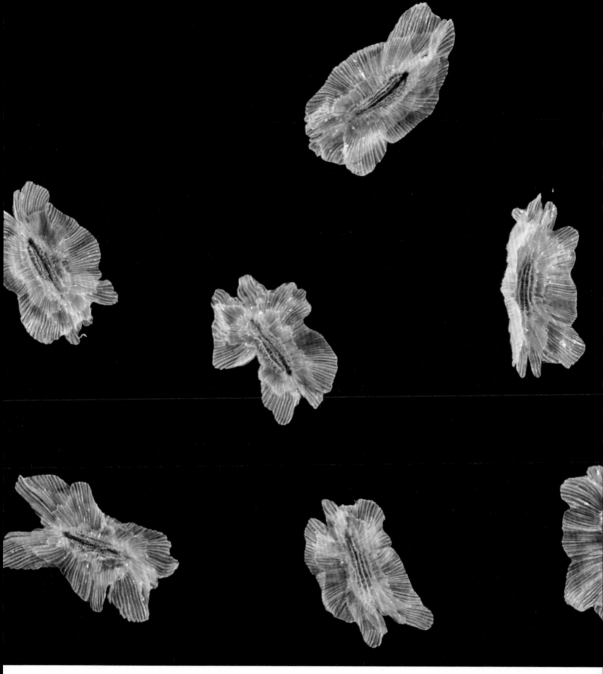

肉眼看似灰塵一般，用顯微鏡一看令人驚訝。它的邊緣有兩到三層波浪般的皺褶，像芭蕾舞女伶的舞衣般美麗。

· Viburnum odoratissimum ·

| 日文名 珊瑚樹 | # 珊瑚樹 | 五福花科／常綠小喬木 |

● 街邊或山野間　● 動物散佈　● 花期…2～4 月，果實…4～7 月

與莢蒾（P144）同屬，純白小巧的花朵集結成長達 15 公分左右的花序（花的集合體）。熊蜂和青鳳蝶是經常光顧的常客。珊瑚樹的葉片光澤美麗，但經常被瓢蟲咬得到處都是孔洞。

（原寸）

珊瑚樹經常被種植在庭院或公園裡，日本西部也可發現野生珊瑚樹的蹤影。它厚實且光澤的葉片富含水份不易燃燒，所以也兼具防火的效用，被做為圍籬栽種，在日本被大量種植作為防火樹種。之所以名為珊瑚樹，是因為它紅色的果實看起來像是珊瑚珠子。珊瑚樹的果實色彩美麗，不過紅色的是堅硬苦澀、尚未成熟的果實。如果是完全成熟的果實會呈黑色，質地柔軟且滋味酸甜。鳥兒只啄食黑色的果實，依序將準備就緒的種籽運送出去。

果實的長度約 7~9 毫米。未成熟的紅色果實成串地附著在枝頭上，到了秋天時分才慢慢地變熟。鳥兒會敏銳地尋找黑色成熟的果實啄食，所以放眼望去一整片全是紅色的果實。成熟的果實呈黑色，所以一看便知熟了，未成熟的果實和果柄都是紅色的，所以比較醒目。這策略真是巧妙。果實中有一顆籽，長 6 毫米，質地堅硬，側邊有凹陷。

日文名 棕櫚

棕櫚

棕櫚科／常綠喬木

● 庭院或綠地　　● 動物散佈　　● 花期…4～5 月，果實…10～12 月

原寸

花季的雄株（圖左）和雌株（圖右）。也有少部份是可以同時開出雄蕊和雌蕊的兩性花。包覆著樹幹的粗糙纖維經常被用來做為園藝用的綁繩或是製作清潔用的鬃刷。

成熟的果實（左圖）長度約 1 公分左右，表面覆有一層白粉。黏糊糊的果肉下面是一顆堅硬的種籽（右圖）。主要是借助棕耳鵯的啄食來運送種籽。

剛發芽的棕櫚。剛抽芽的葉子一開始並沒有開裂。在陰暗的樹林裡也能發育成長。因為熱島現象，近年來都市裡的棕櫚也日益增多起來。

棕櫚與生長在亞熱帶的椰子樹是近緣種，它的特徵是葉片直徑長達 80 公分，而且有深深的開裂。日本九州南部也有野生的棕櫚生長，在溫暖地區的庭院或公園裡也有種植。棕櫚有分雄株和雌株，雄花的花蕾乍看之下就好像鯡魚卵一樣。果實直徑約 1 公分。這種小尺寸的「椰子」是棕耳鵯的最愛。棕耳鵯啄食棕櫚的果實，將種籽四處散播，因此近來在都市近郊也可以發現野生的棕櫚。

種籽與無性繁殖

植物和動物的不同不僅僅是無法移動以及休眠的能力。植物就像是從指尖產子一模一樣,可以製作自己的分身,也就是複製品,它們可以利用球根、塊根、鱗莖、匍匐莖等部位重新製作、增生身體的一部份。馬鈴薯之類的多年生草本植物就是以此方法增生繁殖的。樹木中,像野桐(**P72**)或是刺槐則是從根部的各處發出新芽,增生。外來種的刺槐拜此能力所賜,以致於在短時間內從一棵增生成林,占據了日本各地的河畔、山林。

複製增生是一個非常便利的方法。植物從開花到結成果實,需要耗

生長在路邊的野桐。鳥兒把種籽運送出來,連柏油路面的縫隙都能冒出芽來。

在山谷中綻放的刺槐(拉丁學名中的種名「pseudoacacia」是假金合歡或假相思樹之意)。名為金合歡的樹種可以採集蜂蜜,但因無性繁殖增生已成為令人困擾的外來種。

從刺槐根部生長出來的新芽。在雜草間大量地繁殖拓展。

費相當的工夫,還得引誘蟲鳥,使花受粉,讓動物幫忙運送種籽,如果是採無性繁殖,就可以一口氣產生出大量的後代。因為沒有雌雄之分,所以增生的速度迅速。

即便無性繁殖如此方便,植物還是花費工夫孕育種籽,這是為何呢?利用種籽繁衍後代有兩大好處。一是可以跨越時間和空間的限制,廣闊地旅行。另一個好處是綻放花朵來接收其他花朵的花粉以孕育種籽可以創造出變化多樣的後代。如果後代的性質各有不同,那麼就算在不斷變化的環境中也能適應,存活下來。

因此,植物費心地開花、結果,散播種籽。

山林河邊
隨處可見的
樹木果實

Juglans mandshurica

野胡桃

胡桃科／落葉喬木

● 山間或河邊　　● 動物散佈　　● 花期…4～5月，果實…8～9月

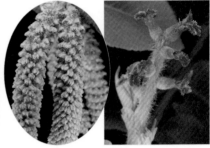

有雄花（左）和雌花（右）。雄花垂吊著長長的花穗，花粉在風中四散。雌花紅色的柱頭呈波褶狀向外伸展，接收在風中飄飛的花粉。

野胡桃是生長在樹林或河邊的野生胡桃。在樹上的時候有綠色的厚皮包覆著發育成長，一旦成熟掉落，外皮會腐壞，裡面包著硬殼的果實就滾了出來。野胡桃果實的殼比人工栽種的胡桃更堅硬，要剖開很是費勁。有牢固牙齒的松鼠或是森林裡的野鼠可以破壞硬殼食用裡面的果仁，有一部份會搬運埋藏起來，幫忙播種。在水邊的野胡桃則是借助水的浮力在水上漂浮，把種籽運送出去。

由上而下分別是帶著厚皮的果實，皮剝了一半的果實，帶硬殼的果實，以及硬殼剖半後的樣子。貯藏脂肪的子葉有好幾層的保護。子葉的脂肪是種籽從層層落葉中冒出頭來成長茁壯的能量來源。野鼠和松鼠運走果實埋藏起來，而一部份被遺忘沒有吃掉的種籽會抽芽、成長。

漂流的種籽

也有種籽以隨波逐流的方式
旅行。種籽外層包覆著質地
柔軟的栓皮層，內含空氣，
以浮在水面上，有時順流進
入大海可以抵達幾千公里遠
的海岸（P156）。

菱

菱是沼澤地帶的水生植物，
果實靠水運送，菱角兩端突
起的倒刺有錨的功用。

原寸

銀葉樹

銀葉樹生長在沖繩等亞熱帶地區的
水岸邊。銀葉樹的果實會讓人聯想
到鹹蛋超人的臉，堅硬的外殼
內部充滿空氣，可以浮在水
面上順流而下，隨著潮汐的
變化漂流，抵達另一處岸
邊，在泥地裡發芽茁壯。
有些種籽也會乘著潮水被
拍打到日本本州的岸邊。

原寸

紅茄冬

亞熱帶紅樹林（海
岸潮間帶的泥濘
地）植物。從母株
植物身上發芽。嫩
芽一旦離開母株就
在水面上漂流。

原寸

原寸

水黃皮

南西諸島的豆科喬
木。堅硬的外殼可以
藉著海水漂流、運送。

又名日本檔木
日文名 榛之木

赤楊

胡桃科／落葉喬木

● 山間或河邊　● 動物散佈　● 花期…4～5月，果實…8～9月

從冬季開始，枝頭就可見雄花的花穗長長地低垂著。赤楊屬風媒花（利用風力作為傳播花粉媒介的花），雄花的花粉大量飛散，是造成花粉症的原因之一。雌花結成朝上的短小花穗，紅色的柱頭向上伸展，接收花粉。

原寸

這是小毬果？不，錯了。看樹葉也不是松樹。它是生長在水岸邊的落葉喬木赤楊的果穗，也就是果實的集合體。它像毬果一樣，一遇到濕就閉合，一乾燥就展開，裡面滿是堅硬的種籽。在幼小的綠色果穗發育期間，仍然可見前一年的舊果穗留在枝頭，隨著環境的乾燥或潮溼反覆地時而開啟時而閉合。

照片中是乾掉的果穗。像松樹毬果般的果穗長約 1.5~2.5 公分。從縫隙間溢出的種籽其實是果實。種籽長約 3~4 毫米，呈扁平狀，靠著風力或是水的浮力傳播。果穗不易破壞，可用來做為聖誕裝飾或是飾品，也被當成天然的染料使用（P146）。

| 日文名 角榛 | # 毛榛 | 樺木科／落葉灌木 |

● 山野間　● 動物散佈　● 花期…3～4 月，果實…11 月

花朵在早春時分比新葉更早綻放。毛榛屬風媒花（利用風力作為傳播花粉媒介的花），垂墜著長長花穗的是雄花，在枝頭末端的紅色花串是雌花。

（原寸）

這是會在山間林道邊偶然發現的奇怪果實。長了角的果實緊緊相黏懸掛在枝頭，秋天成熟後就整塊一起掉落到地面。其實它是榛果（歐榛，p155）的近緣種，脫掉毛絨絨的衣服和硬殼後，裡面就是美味的果仁。在山裡，松鼠和野鼠會搬送這些果實貯藏起來過冬，被遺忘在地裡的那些到了春天開始萌發出新芽。

在秋天，成熟的果實二到五顆集結一起，一同掉落地面。覆有毛刺的外皮是由花苞（附著花朵或果實的特殊葉片）延展生成，呈袋狀包裹著果實。把皮剝開來，裡面就是包著硬殼的果實。它有像橡實一樣的尾部，那是從母體植物吸取養份的痕跡，可以稱做「臍帶」。剖開硬殼，裡面就是香氣濃郁的美味果仁。

121

Ficus erecta

牛奶榕

日文名 犬枇杷　　　　　　　　桑科／落葉小喬木

● 山野間　● 動物散佈　● 花期…整年，果實…2～5月

▌這不是果實，是雄隱頭花序的雄花。照片中的雄隱頭花序呈現紅色並有開口，這是因為在裡面授粉的榕果小蜂經過羽化要出來了。

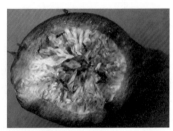

▌雄隱頭花序的剖面。雄隱頭花序內寄生於雄花中的榕果小蜂經過羽化，帶著花粉從開口的地方出來。

牛奶榕是生長在山野間的無花果（P24）的近緣種。上方的照片是雌株成熟變黑的果實，味道甘甜可口，可以食用。不過，可別一不小心吃到雄株的花喲！因為雄株的花裡住著獨一無二的伙伴，也就是榕果小蜂。牛奶榕提供雄花給蜂兒做為育嬰室，而蜂兒則負責將花粉運送到年輕雌花的內部。它倆是彼此不可或缺的共生關係。

原寸

▌這是雌株成熟的果實，體積小，只有直徑 1.5~2 公分，不論是剖面或是味道都與無花果十分相似，吃起來有淡淡的甜味，是野外求生中可食用的野果之一。鳥類或猴子會食用這些果實。

122

· Morus bombycis ·

<table>
<tr><td>又名：山桑
日文名 山桑</td><td># 小葉桑</td><td>桑科／落葉小喬木</td></tr>
</table>

● 山野間　● 動物散佈　● 花期…4月，果實…4～6月

小葉桑有三種類型，一是整株只有雌花，二是整株只有雄花，三是一株裡同時兼有雄花和雌花，第二種整株只有雄花的雄株不會結果。雌花的白線是雌蕊的柱頭，綠色小小顆的部份會膨脹，結成果實。

聚合果的長度為1~1.5公分，顏色由白轉紅，再由紅轉黑表示成熟，上方殘留著雌蕊的花柱，長長突出。種籽體積小，長度約為1.5毫米，可以輕易滑過動物的齒間。

小葉桑是桑樹的近緣種，屬於野生的植物。果實的顆粒像木莓一樣是由數顆果實集合而成的聚合果（P24），初夏時分變黑成熟。小葉桑果的滋味甘甜可口，不過會把嘴巴和舌頭染成紫色。因為紅色未熟的果實會依序慢慢變黑成熟，所以枝頭會同時混雜著紅色和黑色，發揮雙色效應（P138）來吸引鳥類的注意，與此同時，鳥兒也能很有效率地一眼分辨出哪些是已經成熟的果實。掉落到地面的果實就由果子狸等動物開開心心地吃下肚。

桑樹原產於中國，被栽種以供養蠶或人們食用。聚合果的長度為1.5~2.5公分，柱頭較短。初夏時分果實會變黑成熟，滋味甘甜。

（日文名）寄生木

槲寄生

檀香科／
常綠灌木（寄生）

● 樹上　● 動物散佈　● 花期…4～5月，果實…9～11月

槲寄生的根扎入落葉喬木的枝幹裡，寄生其上，靠著吸取宿主的水和礦物質維生，外觀呈球形，直徑最大為1公尺左右，在冬天特別醒目。除了照片中的櫸樹之外，槲寄生也會寄生在山毛櫸或是白樺木上。槲寄生有分雄株和雌株，雌株才會結實。花朵外觀平凡，不怎麼起眼。

槲寄生是寄生植物，它靠著寄生在其他樹木的枝幹上維生，一接近冬天，半透明的黃色果實在枝頭閃耀著光芒。朱連雀等鳥類喜食槲寄生的果實，一連數日不停地啄食。不過，因為這果實裡含有黏乎乎的物質，所以連鳥兒的糞便都帶有黏性，會黏黏地沾在屁股上。被排出的種籽一旦沾在樹木的枝幹上就會冒出新的芽，發育成新的槲寄生。

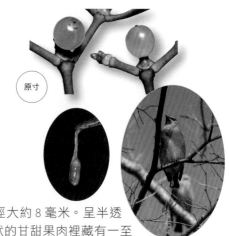

（原寸）

果實直徑大約8毫米。呈半透明果凍狀的甘甜果肉裡藏有一至兩顆黏乎乎的種籽，並長長地拖著一條抓著種籽的黏線。圖中是飽餐後在樹梢休憩的朱連雀，牠的屁股也沾著無法被消化掉的種籽，種籽像納豆一樣牽著黏黏的線絲。

由動物運送的種籽 [2]

也有一些植物是特地讓動物食用來傳播種籽的。在空中飛翔移動的鳥兒是求之不得的送貨員。鳥兒的眼睛銳利但鼻子卻不太靈光。因此,想要讓鳥兒啄食的果實要用醒目的顏色吸引鳥兒的目光:「就是這個唷!」把種籽藏在美味的果肉裡讓鳥兒吃下肚,運到其他地方隨著糞便排出。不過,如果一次全部出清也不好。一次一點慢慢運送為佳。

為了讓鳥兒送貨,果實們這樣做……

美味的果實

ウマ~イ♪
ピ~ヨ

不好吃的果實

ウマソウ ナノニ
マズイ・・・

好吃的果實不會一次全熟。一點一點慢慢地成熟、變色,讓鳥兒選擇充份成熟的果實。

如果果實稍稍帶有毒性或是有些難吃,鳥兒就不得不一次一點地啄食,往各處運送的期間也會拉得更長。

| 日文名 衝羽根 | 米麵蓊 | 檀香科／落葉灌木 |

●山野間　●風散佈　●花期…5～6月，果實…9～11月

米麵蓊的日文漢字為「衝羽根」，說的就是日本傳統的正月新年遊戲板羽球用的羽毛球。在山裡發現的米麵蓊果實，的確就和那個羽毛球一模一樣！它是寄生在其他樹木根部的半寄生植物，在乾燥的山嶺小路上經常可見它的身影。果實在秋天成熟時會向下蔓生，當被冷冽的北風吹落，果實就乘著風在空中迴旋飛舞。米麵蓊有分雄株和雌株，只有雌株會結果。

花朵在初夏時分綻放，雖有雄株和雌株之分，但不論雄花還是雌花外觀都不顯眼。花朵開在下垂的新枝末端，雌花（上圖）獨自一朵，而雄花（下圖）幾朵叢聚，花朵的直徑大約 5 毫米左右。雌花有四片花苞，之後發育成為翅膀。

這是已經成熟的果實。羽毛部份是由花苞變異而成。果實本身長度約為 1 公分，末端帶有四片長約 2.5 公分的羽毛。

原寸

日文名 衝羽根空木 | # 日本六道木 | 忍冬科／落葉灌木

● 山野間　● 風散佈　● 花期…5～6月，果實…9～11月

原寸

五片羽毛是由萼片變形而成。成熟的果實本身長度約為 13 毫米，一旦離了枝頭，果實會以驚人的高速迴旋飛舞，降落地面。

花朵在初夏綻放。呈吊鐘形狀的花朵在枝頭兩兩成雙，朝下盛開。花瓣內側的黃色格紋是引誘蜜蜂的標記。發育成果實的部位是比花萼更內側的部份，在開花時期乍看之下就好似花柄一般。

大花六道木，日文名為花園衝羽根空木，是園藝植物，經常被栽種在公園裡。也有白色的花朵。萼片的羽毛有兩到五片。因為是同屬交配的雜交種，所以許多果實無法孕育出種籽。

日本六道木是在明亮的雜樹林裡看得到的小型樹木，初夏時分，奶白色的花朵朝下綻放。花朵開完後，五片萼片就這樣殘留下來，發育成為幫助果實在風中飛翔的螺旋槳翅膀。新生的果實在枝頭結實的模樣看起來就好像是朵星形的花。因為果實讓人聯想到日本傳統的正月遊戲板羽球（日文名為衝羽根），而葉子和樹枝的模樣與齒葉溲疏（日文名為空木，P62）相似，所以因此而得名。

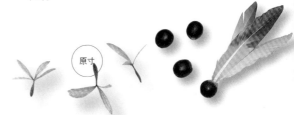

原寸

這是日本傳統的正月新年遊戲板羽球所使用的「羽毛球」。這個遊戲的玩法是用無患子（P79）的黑色種籽插上鳥類的羽毛當做球，用羽毛拍對打。日本名為衝羽根或是衝羽根空木的植物其實就是因為與這羽毛球的外形相似而得名的。

· *Kadsura japonica* ·

（日文名）實葛 # 日本南五味子 五味子科／常綠藤木

● 山野間 ● 動物散佈 ● 花期…7～9月，果實…9～11月

花朵有分雌花（左）和雄花（右），依植株的不同，有單有雄花或是單有雌花的單性株，以及雌雄同株的兩性株。雌花的中央有許多綠色的雌蕊呈球形排列在一起，經一一授粉後會發育成球狀的聚合果。雄花的雄蕊呈紅色或黃色，同樣呈球形並列。直徑約為 1.5 公分。

原寸

日本南五味子生長在溫暖的樹林裡，葉片厚實帶有光澤。它在日本名為實葛，「實」指的果實，而「葛」意味著藤蔓。因為它紅通通的果實很像日本當地名為「鹿之子」（註：日文為鹿の子，為鹿の子餅的簡稱，這是一種以羊羹為內餡，外圍佈滿甜紅豆或其他甜豆所製成的和菓子，並最外層會裹上一層寒天）的和菓子，外形美觀，所以也被種植在庭院裡或是當圍籬使用。日本南五味子是五味子科的古老被子植物，一朵花裡有許多雌蕊。這些雌蕊一個一個發育成果實，最後緊緊地擠在一起，全部形成一顆聚合果。

聚合果的直徑為 3~4 公分。上方的照片是聚合果的剖面。切開後是像球狀的柔軟基座部份（胎座），基座的紅色表面結有紅色的果實。果實的直徑約為 8 毫米，可以看到裡面有淡褐色的種籽。鳥兒啄食果實後會留下紅色的果床。

· *Staphylea bumalda* ·

日文名 三葉木通

三葉木通

木通科／落葉藤木

●山野間　●動物散佈　●花期…4～5月，果實…7～8月

秋天一到，百貨公司的水果賣場裡陳列著紫色的果實。這是三葉木通，在日本的山形縣也有人工栽培。因為它是木通的近緣種，且葉片呈三片一組，所以名為三葉木通。葉片五片一組的木通果實一樣美味可口，可以食用。果實成熟後果皮開裂，露出含有黑色種籽的白色果肉。果肉呈果凍質地，味道清洌甘甜，十分美味。人類食用時會呸地一聲把籽吐出，但動物會連肉帶籽地直接吞下肚，將種籽帶到某處隨著糞便一同排出。

┃ 木通的葉片五片一組。果實（左圖）變白表示成熟，果肉甘甜可口。它的果皮也可以入菜製作成木通鑲肉等等的料理。雄花的體積比雌花小。

┃ 花朵呈巧克力色。長在樹枝底端的大花是雌花（右），一到三朵聚集在一起長在樹枝的末端，十幾朵成群一起

雌花

雄花

綻放的小小花朵是雄花（左）。雌花裡有數根雌蕊，一朵花可以發育出好幾顆果實。

原寸

┃ 種籽的運送主要是仰賴擅於爬樹的猴子、熊和貂。不過熊和猴子的食量大，一下子就出清一空了。因此，它的種籽邊邊帶有可以吸引螞蟻的果凍狀物質。隨著糞便一同被排出體外的種籽會由螞蟻再運往其他的地方去。

Actinidia arguta

又名奇異莓、迷你奇異果
日文名 猿梨

軟棗獼猴桃

獼猴桃科／
落葉藤木

●山野間　●動物散佈　●花期…4～6月，果實…8～10月

花的直徑約為1.5公分，有分兩性株和雄株。照片中的是兩性花，所以可以結出果實。

原寸

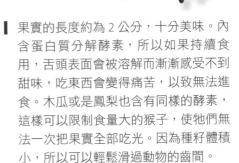

果實的長度約為2公分，十分美味。內含蛋白質分解酵素，所以如果持續食用，舌頭表面會被溶解而漸漸感受不到甜味，吃東西會變得痛苦，以致無法進食。木瓜或是鳳梨也含有同樣的酵素，這樣可以限制食量大的猴子，使牠們無法一次把果實全部吃光。因為種籽體積小，所以可以輕鬆滑過動物的齒間。

這是一口大小的「迷你奇異果」。它的果實也以此名稱在市面上販售，不過它原本是日本山野間的水果，也叫做軟棗獼猴桃。它是奇異果的近緣種，味道也一樣香甜。在山裡，猴子和熊會食用它的果實，將種籽帶到某處隨著糞便一同排出。不過，如果食量大的動物一口氣把全部的果實都吃光了，種籽也會被集中運送出去，大量的種籽全都會被送到同一個地方。為了不讓全部的果實一次全被吃掉，所以……？（答案在右側）

木天蓼是軟棗獼猴桃的近緣種。可以吸引貓咪的注意。果實在秋天變紅成熟，具有辛辣味。

又名日本海棠、倭海棠
日文名 草木瓜

日本木瓜

薔薇科／落葉灌木

● 山野間　● 動物散佈　● 花期…3～4月，果實…8～10月

枝幹像在地面蔓延似地往四處延展，高度可達 30~100 公分。樹枝遍佈棘刺，尖銳扎手。花朵是明亮的橙紅色，直徑約 3 公分。

原寸

果實呈不規則球形，直徑約 3~4 公分，香氣宜人。因為味道酸澀且堅硬，所以無法生食，不過製作成果醬或是釀成果酒後風味極佳（P154）。

日本木瓜原本生長在村落的野道上或雜樹林裡，因為花朵外觀優美，所以也被栽種在庭院裡。它與中國原產園藝品種貼梗海棠相似，因為像草一樣低矮且茂密，所以在日本被命名為「草木瓜」。因為果實的外形與梨子相似，所以在日本也叫做「地梨」。春天橙紅色的花朵集中盛開，到了秋天，枝頭會結出像乒乓球大小、表面凹凸不平的果實，散發著香甜的氣味。

木瓜（日文名為花梨）是日本海棠及貼梗部瓜（P154）的近緣種。它們果實凹凸不平以及結在枝頭的樣子都很相似。果實的長度可達 15 公分左右，散發著宜人的芬芳，可以用來製作果醬或是釀製果酒。花朵呈粉紅色，直徑為 3 公分。

| 日文名 野茨 | # 野薔薇 | 薔薇科／
落葉藤木 |

● 山野間　● 動物散佈　● 花期…5～7月，果實…10月

初夏時分綻放著氣味香甜的花朵。花朵的直徑約 2 公分。日本的野薔薇是現今人工栽培的野生薔薇之一，它對於培育出花朵成群綻放的品種而言，尤其助益良多。

野薔薇是生長在原野或岸邊的野生薔薇。它的枝幹佈滿銳利的尖刺，一不小心鉤到就會受傷流血。所謂的「薔薇」指的是帶刺的植物。雖說美麗的花朵帶著刺，但成群綻放的模樣清純美麗，香氣宜人。到了秋天，薔薇會結出像紅寶石般的美麗果實，吸引斑鶇或黃尾鴝等鳥兒前來啄食，幫忙將種籽散播出去。

原寸

果實的直徑為 5~9 毫米。萼筒（花萼呈筒狀的部份）膨脹形成的假果（P23）末端突出部份是雌蕊的柱頭，位在底部的環狀物是花萼和花瓣曾經附著而留下的痕跡，裡面容納一到十二顆的籽。這些籽並非種籽本尊，包覆超薄果皮裡面的才是種籽。

又名楓葉莓
日文名 紅葉莓

懸鉤子

薔薇科／落葉灌木

● 山野間　● 動物散佈　● 花期…5～6月，果實…7～9月

早春時分，白色的花朵向下垂吊綻放。花朵直徑約 3 公分，婀娜多姿，但棘刺尖銳扎手。朝下綻放的花朵讓花虻和甲蟲無法駐足。這花只專屬於腳力強，可以吊掛在花朵上的熊蜂。

原寸

因為長得像小樹一樣，所以也被稱為木莓。是日本野生懸鉤子屬植物（P23）的代表。懸鉤子茂密叢生，且棘刺尖銳扎手很是討厭，但它美味的果實還是吸引了人類和動物的青睞。因為剛好一口大小而且甘甜柔軟，所以即使是雛鳥也可幫忙運送。就算被猴子、熊和貂等牙齒尖銳的動物吃下肚，它的種籽仍舊可以安然無事過關。雖然它尖銳的棘刺具攻擊性，但從另一個角度來看，它美味的果實也釋出善意，照顧著森林裡的鳥兒和動物們。

果實的直徑大約是 1.3 公分，成熟時會轉變為橙色，滋味甘甜可口。懸鉤子和覆盆子（P23）一樣都是果托（花托發育而成的部份）上聚集許多果實的聚合果（木莓果）。籽的長度約 2 毫米，就是植物學裡所謂的「核」，核的表面凹凸不平，像格紋一樣。

・ *Sorbus commixta* ・

| 日文名 七竈 | # 花楸 | 薔薇科／落葉小喬木 |

●山野間和公園　●動物散佈　●花期…5～6月，果實…9～10月

初夏時分，茂密的白花在羽狀複葉廣佈的枝頭集中綻放，花朵的直徑大約 8 毫米，外觀美麗，但有股特殊的臭味。

原寸

花楸生長在北方或高山上，因為它變紅後的葉子十分美麗，所以也被種植在公園或做為行道樹。到了秋天，已經成熟的果實變得紅通通的，即使遭受霜雪的侵襲而枯萎，它仍舊留在枝頭等待著鳥兒的造訪。花楸的果肉含有強烈的苦澀物質，人類就不用說了，就連對鳥兒來說都難以下嚥。它的樹幹堅硬，「往灶門裡添放七次也燒不起來」，據說這正是它日文名稱「七竈」的由來。

果實的直徑為 5~7 毫米，裡面容納著兩到五顆長度 3~4 毫米的種籽。雖然果實的外觀不論是顏色或形狀都像是小號的蘋果，但它含有氰化物，味道苦澀無法食用。這個策略是為了不讓鳥兒一次吃掉太多果實。在北方國家，人們為了能有效利用花楸的果實正努力研究可以去除苦味的方法，不過目前的用途只有釀製果酒而已，還無法作成果醬。上圖箭頭處是果實霜凍枯萎的樣子。

· Celastrus orbiculatus ·

日文名 蔓梅擬

南蛇藤

衛矛科／落葉藤木

● 山野間 ● 動物散佈 ● 花期…4～9 月，果實…8～10 月

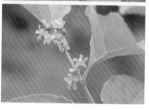

南蛇藤有分雌株和雄株，綻放著雄花（上圖）和雌花（下圖），不過它們都是黃綠色直徑 6 毫米的小花，並不醒目。它的葉子與梅樹相似，但梅樹是薔薇科。在日文裡也有一種植物名為梅擬，不過是屬於冬青科。

南蛇藤蔓生在明亮的山野間，因為葉子與梅樹相似，所以在日本被叫做蔓梅擬。初夏時分綻放的花朵平凡不起眼，不過到了秋天，黃色的果實裂成三瓣露出鮮豔欲滴的紅色，顯得格外醒目。這對鳥兒來說有著強烈的吸引力，它彷彿是在邀請鳥兒前來盡情享用。潛藏在豔紅色果凍中伺機而動的種籽表面光滑平整，它的形狀可以讓自己輕易地通過鳥兒的身體。

原寸

南蛇藤的果實直徑約 6~9 毫米，上面殘留著雌蕊的柱頭。秋末時分，果實變黃成熟，果實的皮會裂成三瓣朝外翻捲，露出誘惑著鳥兒的鮮紅色大餐。這是被稱為假種皮的部份，油脂豐富的柔軟果凍包覆在種籽的周遭，種籽本身的長度大約是 3.5 毫米。

135

衛矛

●山野間或庭院　●動物散佈　●花期…6~7月，果實…9~10月

花在初夏時分，大約六月左右綻放，花朵的直徑為 6~8 毫米，顏色為黃綠色。四片花瓣平平地向四個方向展開，呈十字型。枝椏附有木栓質地的翅膀。

原寸

果皮裂開後捲縮成球型，下方吊掛著染成酒紅色的豔紅種籽。有時候一朵花會長成外形像花生一樣的雙胞胎果實，像這種情況下，帽子下方就會如上圖箭頭所示，結出兩個種籽。種籽的外層有富含油脂、呈果凍狀的紅色假種皮包覆，這些假種皮成為鳥兒們的大餐。種籽本身長度約 3~4 毫米。

衛矛是生長在明亮山野間的灌木，也被種植在庭院或做為圍籬。因為它美麗的紅葉像綿鍛一樣，所以在日本被稱為「錦木」。在秋天時分，枝頭結滿了可愛的果實，那外形會讓人不禁聯到古代的提燈，果實上方看起來像斗笠或帽子的部分是開裂的果皮。果實成熟後綻裂開來，捲成一球的酒紅色果皮下垂吊著豔紅色的種籽，靜靜等候鳥兒的造訪。

枝幹沒有翼的品種稱為變種衛矛（如圓圖），花朵與果實與衛矛相同。

日文名 檀

山衛矛

衛矛科／落葉小喬木

● 山野間或庭院　● 動物散佈　● 花期…5～6月，果實…9～10月

▌ 初夏綻放的花朵直徑約為 1 公分，
呈白綠色，外觀並不醒目。雌蕊依
據植株的不同，有的較長有的較
短，雌蕊較長的類型比較容易
結出果實。

原寸

胖嘟嘟、有稜有角的珊瑚色果實在秋天成熟時
會啪地一聲裂開，吊掛著豔紅色的寶石。包覆
著種籽的豔紅色透明部份是植物特意準備的
營養滿滿的果凍。這些果凍成了鳥兒的大餐，
鳥兒吃下肚後可以將種籽運往各處。山衛矛是
生長在深山雜木林裡的植物，也被栽種在庭院
裡。因為它的枝幹柔軟可塑性佳，以前常用來
做為製造弓箭的材料，所以在日文裡被稱為
「真弓（MAYUMI）」。

▌ 果實的直徑大約 1~1.5 公分左右，外
型有稜有角，成熟後會開裂成四。
包覆著種籽一半以上面積的紅色部
份是半透明呈果凍狀的假種皮。因
為含有油脂，所以很受鳥類的歡迎。
剝掉假種皮後就可以看見種籽，種籽
本身長度約 5~6 毫米。

（日文名） 権瑞

野鴉椿

省沽油科／落葉小喬木

● 山野間　● 動物散佈　● 花期…5～6月，果實…8～10月

初夏五月時分綻放的花朵黃綠色，外觀並不醒目。雌蕊的根部一分為三，慢慢膨脹，最後發育成三個袋狀的果實。

原寸

厚實的果皮呈紅色，開裂後可以看到裡面裝有黑色的種籽。紅與黑的雙色組合具有十分醒目的雙色效應，可以吸引鳥類的注意。黑色的種籽看起來好像可口的莓果一樣，但其實那是騙人的。薄薄的一層乾燥果皮看起來光澤耀眼，再下面就是硬梆梆的種籽。鳥兒就算吃了也消化不了，只能原封不動地排出體外。

野鴉椿在日本名為 GONNZUI（権瑞；ゴンズイ），在當地有一種海魚的名字與它一模一樣，但兩者毫無關連，野鴉椿是生長在山野裡的樹木。它是因為葉子與芸香科的藥用植物吳茱萸（日文名：ゴシュユ；GOSHUYU）很像而得名。秋天的野鴉椿呈現一片紅與黑的美麗色彩。葉揉碎後散發惡臭，當紅色的袋子裂開，就可以看到裡面閃耀著光澤，看似可口的黑色果實種籽。然而，這是植物的騙局，它其實是誘騙鳥兒上當的假莓果，黑色部份是假種皮，搓洗掉之後才會露出土黃色的種籽，具藥用效果。

· Staphylea bumalda ·

| 日文名 三葉空木 | # 省沽油 | 省沽油科／落葉灌木 |

●山野間　●風散佈　●花期…4～5月，果實…9～10月

省沽油在日本名為三葉空木，但它並非空木（P62）的近緣種，而是野鴉椿（P138）的近緣種。省沽油的花朵直徑約1公分，有五枚半開的花瓣，香氣宜人。花朵綻放後雌蕊會立刻縱裂開來（如圓圖）。

原寸

省沽油是生長在山谷溪流邊的灌木，春天綻放的潔白花朵很是美麗。夏天到冬天期間，枝頭上可以看到像新手駕駛標誌般的神奇紙氣球。花朵一旦凋謝，雌蕊的上半部一分為二，下半部發育膨脹，變成好似新手駕駛標誌般的形狀。冬天受到勁風的吹拂，果實就這樣抱著種籽，開始邁向最後的旅程。

成熟乾燥後的果實，裡面有一到七顆種籽。果實一旦成熟後會微微裂開一個口，因為果皮有細密的橫向折縫，所以種籽不容易掉出去。強風一吹，果實就這樣裝著種籽一起飛翔（如圓圖）。種籽的長度約為5毫米，質地堅硬，帶有光澤。

又名：拐棗
日文名 玄圃梨

枳椇

鼠李科／落葉喬木

● 山野間　　● 動物散佈　　● 花期…5～7月，果實…8～10月

花在夏季綻放，直徑約 7 毫米左右的白色花朵大量集中開成一片，吸引蜜蜂等昆蟲造訪。

原寸

照片中是已經成了乾果似的果軸，有著如同葡萄乾的甘甜和香氣。它的末端結有圓圓的果實，裡面有三顆堅硬的種籽。果實和種籽雖然粗糙乾燥、沒有味道，不過，它們可以連同美味的果托全部一起進入果子狸或是貂鼠的肚子裡，這就是植物的策略。

全世界最奇妙的水果或許就屬這個植物的果實了，就如同它日文的名字「玄圃梨（日文發音等同於「手棒梨」）」字面上的意思，它的果軸（結了果實的樹枝）看起來像手指，吃起來有類似梨子的口感和味道，所以因而得名。沒錯，吃的不是果實，而是難看的果托。當成熟變成乾果後，果托就連著枝條一同掉落地面。

果托最終連著樹枝一同掉落地面。因為這樣，果軸不會被埋在落葉下面，可以一直保持乾燥。

日文名 花筏

青莢葉

青莢葉科／落葉灌木

● 山野間　● 動物散佈　● 花期…5～6月，果實…8～10月

有雄花（上）和雌花（下）。雄花數朵一起生長綻放，而雌花通常只有單獨一朵。仔細看看，樹葉根部的葉脈比花朵都要粗大。在以前它被歸類為山茱萸科，但新的分類已被歸為青莢葉科。

特意讓花朵和果實長在葉片上，也許是為了讓鳥兒更容易看到吧？果實表面平滑，直徑約為9毫米。夏末初秋之際，果實變黑成熟，吃起來酸甜多汁，美味可口。種籽有四顆，長度5毫米，平整的表面有著格紋的花樣。

原寸

真是太奇妙了，為什麼葉子上會長出果實呢？它在日本被稱為「花筏」，就是因為花朵乘坐在葉片上的樣子格外醒目而得名。會以此形態綻放，是因為花柄的部份緊貼著葉片中央的葉脈，因此，它的果實當然也同樣小心翼翼地坐在葉片的正中央發育長大。它原本生長在山林裡，因為樣子可愛逗趣，所以部份也被栽種在庭院裡。青莢葉是雌雄異株，雌株才會結出果實。

| 又名臭梧桐
日文名 臭木 | # 海州常山 | 唇形科／落葉小喬木 |

● 山野間　● 動物散佈　● 花期…6～8月，果實…9～11月

■ 夏季時分，白色的花朵從淡紅色的花萼中綻放。花朵的直徑約 2.5 公分，飄散著芬芳宜人的香氣。雄蕊或雌蕊長長地向外伸展，是為了等候翅膀又大又寬的蛾與鳳蝶造訪。

原寸

海州常山是生長在明亮山野間的樹木，由鳥兒運來的種籽在山野間發芽苗壯。把葉子撕碎會有一股類似芝麻的濃烈氣味，所以被叫做臭梧桐。不過，在夏季裡綻放的花朵香氣優雅宜人。秋天一到，鮮紅色的星星中央點綴著靛藍色的寶石，那是大自然創造的美麗胸針！紅色與靛藍色相互對比的「雙色效應」是想要吸引更多鳥類目光的一種策略。

■ 秋天一到，萼片增厚變成鮮豔的紅色，並綻開成 3 公分的星形。星形的正中央是直徑 7~10 毫米的果實，閃耀著靛藍色的光輝。把果實壓破會流出藍色的汁液，還有像哈密瓜被剖成四瓣似的種籽，數量有一到四顆。種籽的長度為 5~6 毫米。果實和萼片常被用來做為植物染的原料（P146）。

梓樹

日文名 木大角豆 | 紫葳科／落葉喬木

● 村落或河岸邊　● 風散佈　● 花期…6～7月，果實…8～10月

花朵在初夏時分綻放。碩大的花序（花的集合體）集結在枝頭，花朵直徑約為 2 公分，呈淡黃色。花的內側是黃色與紫色相間。

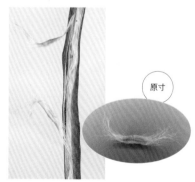

原寸

果實有 5 毫米粗細，30~40 公分長，數根乃至數十根連結成串，垂吊在枝頭。當成熟時，果實會開裂為二，疊在一起的扁平種籽乘著風勢在空中飛舞。種籽本身的長度為 8~13 毫米，兩端有毛束，看起來像螃蟹一樣。紫葳科的近緣種裡也有一種植物的種籽兩端沒有長毛而是附有大片薄翅，種籽用它像滑翔機般在空中滑行。

梓樹是原產於中國的藥用植物，被栽種在庭院或公園裡，現在在河岸等地也能看到野生的植株。梓樹成長快速，葉片寬大，從還在發育階段就可以開始結果。因為這種樹木結出的細長果實外觀像豆科的豇豆（日文名為大角豆）一樣，所以在日本被稱為「木大角豆」。梓樹的果實裡面滿是扁扁的種籽，種籽沒有翅膀也沒有冠毛，只靠著還未發育齊全的毛束在風中飄散飛舞。

| 日文名 莢蒾 | # 莢蒾 | 五福花科／落葉灌木 |

● 山野間　● 動物散佈　● 花期…5～7月，果實…9～11月

花朵在初夏綻放。白色的小花聚在一起集結成直徑 6~10 公分的圓盤。花朵靠著類似尿騷味的獨特氣味來引吸昆蟲。

莢蒾是雜木林裡的矮樹，果實很酸可以食用，歷經霜雪後味道更為甘甜。莢蒾依賴鳥兒啄食果實來送運種籽，不過由於果肉裡含有不讓嫩芽生長的物質，所以只有果肉已在鳥兒腹中被完全剝離後的種籽才能發芽。因為在母株下方生根發芽，就只會造成與母株的競爭而已。

有時候部份的果實會變身成為直徑 1 公分、令人匪夷所思的綠色毛球。這是蟲癭，是因為有莢蒾癭蚋寄生在發育中的果實裡而形成的產物。

果實長度為 6~8 毫米，呈表面略為平滑的水滴型。裡有一個堅硬的籽。表面較為平滑的種籽有正反面，一面有一條溝痕，另一面有兩條。

原寸

第 *3* 章

果實的
種種用途

用樹木果實染色

1

為布料和紙張染色吧！
植物染

柿染。將還是綠色、尚未成熟的柿子果實壓破，製作柿染劑。以前人也用柿汁做為防水的塗料。

在赤楊果穗中加入茶樹枝條燃燒後的灰燼來做為染料。

用海州常山的靛藍色果實染出美麗的水藍色！

【要準備的材料】

- 去除萼片後清洗乾淨的海州常山果實（份量約為染料重量的兩倍）
- 白色絹絲製成的圍巾

【方法】

❶ 準備可以淹沒果實的水量，煮沸後將海州常山的果實放入，用小火熬煮二十分鐘左右。

❷ 將步驟 ❶ 的果實濾出，小心別把果實弄破，將圍巾浸入濾過的汁水中。

❸ 關火，靜置兩到三小時的時間。

❹ 用水沖洗圍巾再晾乾就完成了。

植物染後的絹絲圍巾。由左而右依序是使用茜草根、板栗皮、黑櫟橡實、蓼藍葉、山胡桃果實、赤楊果穗以及海州常山果實染製而成。

紅椒色素

甜椒或辣椒的紅色素。用於罐頭或糕
點中。

梔子花色素

梔子花果實的黃色色素。用於醃蘿
蔔、栗金團以及糕點等食品中。右
側照片裡的是乾燥後的果實。

胭脂樹紅色素

由胭脂樹種籽萃取出的紅色素。用於
洋香腸、醬汁以及糕餅等食品中。

葡萄色素

由葡萄皮萃取出的紫紅色色素。用
於涼飲、糖果以及果醬等食品。

使用染色劑可以讓食物看起來更加可口。商
品包裝上除了記載原料之外也會列出使用的
染色劑，請大家查找一下。照片中的食品全
都是使用梔子花色素的食品。

2

使用果實或種籽的食品

找一找我們日常生活中經常會用到的果實或種籽吧！

▌油

為了讓鳥兒吃下肚或是提供能量幫助嫩芽成長發育，果實或種籽裡都會貯存油脂。人們壓榨果實或種籽取得這些油脂，應用在食用油、化妝品或是藥品等方面。

洋橄欖

洋橄欖原產自地中海沿岸。從果肉中採集的油脂香氣芬芳，是義大利料理不可或缺的元素。

日本山茶（P57）

原產於日本。從堅硬種籽裡採集的椿油被用來做為護髮油或化妝品。

芝麻

在很久以前經絲路來到日本。種籽可以食用，可以榨油，用在中華料理等等。

油菜（菜籽、菜花）

種籽經壓榨後可用來做為食用油（芥花籽油），此外，近年來也用它做為生質燃料。

▌蠟

蠟是油脂的一種，在常溫下會凝固。植物性的蠟除了製作蠟燭之外也被應用在塗藥或是髮蠟等方面。

日式蠟燭

材料來自於木蠟樹的蠟，是日本的傳統手工蠟燭。

木蠟樹

果肉的部份含蠟，將果實炊蒸就可以採集蠟油。

烏桕（P73）

種籽表面包覆著一層厚厚的白蠟。以前人們用來採集蠟油。

藥

從以前人們就利用植物萃取出的成份來製藥。

不僅僅是中藥以及健康食品，近來也被視為最為先進的藥品原料而倍受注目。

枸杞 (P111)

乾燥的果實可以做為藥材，也可以入菜。它也可以當做優格的配料。具有滋養強壯、防止老化等功效。

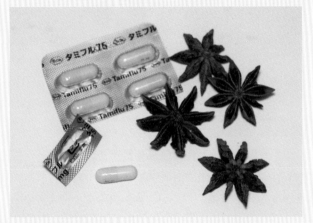

八角

八角是八角茴香的果實，有獨特的香氣，是中華料理的香料之一。它也被應用在治療流感方面，是藥品克流感的原料。

紅棗

生吃時味道如同蘋果一般。乾燥的紅棗可加在糕餅或藥膳料理中。具有防止老化以及舒緩放鬆等功效。紅棗的種籽也是藥材。

木天蓼的蟲癭

長在木天蓼（P130）花蕾中的蟲癭。浸泡在酒中製成的藥酒具有滋養強壯、改善體寒等功效。

山茱萸

秋天成熟變紅的果實有些許苦澀味，味道酸甜。果肉經乾燥處理可做為藥材，熬煮後服用可改善暈眩及耳鳴等症狀。

梅子

醃梅是日本獨特的健康食品。快熟的青色果實用鹽醃漬後再進行乾燥處理。在中國，燻製過的黑色果實被用來做為藥材使用。

3
用果實或種籽來玩遊戲吧

用各種不同的種籽來玩遊戲！

▍彈跳！

書帶草
把書帶草果實外面那層藍色的皮剝掉，取出中間的白色種籽往地面上一丟，會咚！地一聲高高彈起哦！

▍響聲！

薺菜
把一顆顆薺菜的果實向下折，但不要折斷，然後放在耳邊搖動，沙啦沙啦⋯⋯，會發出柔和的聲響。

▍著色！

美洲商陸
把美洲商陸的果實壓破，用來當成上色的水彩吧！它可以做為美麗的紫紅色繪畫顏料哦！

▌沾黏！

在山野間行走會黏住衣服不放的「黏人精」種籽。用放大鏡觀察，哇，想不到上面竟然有尖銳的刺或是倒勾的針！

牛膝
苞片像髮夾般緊緊纏著毛料或纖維。

龍牙草
三角錐型的下半部佈滿勾針排列而成的裙邊。

鬼針草
末端的刺有倒勾，可扎入衣物裡。

透骨草
三根棘刺的末端捲曲成勾針。

蒼耳
靠銳利的勾針沾黏。丟著玩試試！

狼杷草
兩根棘刺上滿滿都是細細的倒勾。

金線草
雌蕊的末端捲成勾針，可沾附在衣物上。

日本水楊梅
聚合果開散後，帶有精密勾針的果實可以緊緊沾黏。

狼尾草
軸的根部有倒勾，一沾上就難以甩掉。

151

採集果實與種籽

風格迥異的種籽正好適合收藏！

❶ 撿拾

發現種籽時，請撿起來看看。拿在手裡，捧捧看，摸摸看。挑幾個回家，豐富您的收藏吧！順便把葉子也撿起來，這樣看圖鑑查找名字時會更加容易。

❷ 帶回家

如果在塑膠袋裡放的量太多，會容易擠壓、損傷。

容易損傷的就放入小型的密封容器裡。連同衛生紙或是落葉一同放入容器裡可以增加緩衝，做好保護。

去找尋種籽時要事先帶上收納的容器。塑膠袋是很便利，但放在裡面的種籽會容易損傷，這一點要注意。帶幾個大小不同，像保鮮盒的密閉容器就方便多了。

❸ 帶回家之後……

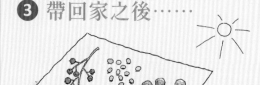

把帶回來的種籽整理一下。要晾乾保存的就從袋子或是容器中取出，攤開晾乾。如果一直放在容器裡不管它，會發霉腐敗。
一些鳥兒食用的果實在晾乾前先把果肉剔除，把裡面的種籽取出。

❹ 帶回家之後
……（如果是橡實的話）

栗實象鼻蟲的幼蟲

橡實最好能先水煮過或是先冰凍後再晾乾。因為很多橡實裡都會有象鼻蟲的幼蟲，如果就這樣放著不處理，這些象鼻蟲會破殼而出。反之，若是想要用橡實培植成樹木，這時就不要把橡實晾乾，反而要用水清洗後裝入袋中，放入冰箱入保存直到春天到來。

❺ 收集起來

當種籽完全乾燥後就製成標本。依種類的不同，各自收入袋中或容器內，並標記植物的名稱、撿拾的日期以及地點。

容易損傷的種籽就用密閉容器保存。

將收納標本的袋子連同防蟲劑或乾燥劑一起放入密閉容器或是附夾鏈的塑膠袋中。

把收集陳列起來，就是個迷你博物館！

開心撿來的樹木果實。把它們收集起來陳列在空箱子裡，看起來就像是博物館一樣！這就是我的「小型果實博物館」！除了可以享受收集的樂趣，當手邊有果實或是種籽的實物時，也可以拿在手上仔細觀察，試著 向空中看看，並且兩相比對，再一次進行確認。怎麼樣？來試看看吧！充滿好奇的興奮心情，正是開啟科學世界之門的鑰匙！

153

5

享受樹木果實的芳香

日本木瓜的
果實和果醬

【 來製作果醬吧 】

● 日本木瓜的果實一旦成熟會散發宜人的香氣。雖然無法生
食，但經過熬煮可以製成美味的果醬。

● 當秋天到來，果實散發出宜人芬芳時，請把它採收下來做
成果醬吧！

【 方法 】

❶ 剝去外皮，把芯取出，切成小塊。❷ 放入大約可以蓋過食
材的水中熬煮，煮到變軟為止。❸ 加入與果肉同等重量的砂
糖。❹ 繼續熬煮，煮到汁液變黏稠就大功告成了。

▌氣味芳香的樹木果實

啤酒花的果穗和種籽。新
鮮的果穗味道有些許香中
帶苦。是製作啤酒的原料。

日本海棠的果實。放在桌
子上就會聞到宜人的香
氣。也可以用來製作果醬
或果酒。

日本酸橘的果實。它的
果汁和果皮與日本香橙
（P22）一樣可以入菜，享
受香中帶酸的味覺饗宴。

用松樹的近緣種或是柳杉
的新鮮毬果來做室內裝
飾，可以讓房間裡彌漫著
森林的芬芳。照片中的是
火炬松的毬果。

這是海邊植物單葉蔓荊
（又名海埔姜）的果實。
果實的香氣與迷迭香相
似。可以用來做為香氛乾
燥花。

山椒的果實。果皮帶有香
氣和辣味，可用來做為香
料。是搭配蒲燒鰻料理的
配料。

6

美味的堅果

堅果類食物油脂含量豐，營養價值高，而且也易於保存。
不論是直接吃或是加入糕餅、麵包或是料理中都很美味

包含杏仁、開心果、核桃、無
花果等等，使用多種樹木果實
製作的土耳其糕點。

腰果是原產自巴西的
漆樹科植物。膨脹的
果柄末端結成帶硬殼
的果實垂掛在樹上
（圖片右側），剖開
硬殼後裡面的果仁可
以食用。果柄的部份
會變紅成熟，成熟後
味道像蘋果般甘甜，
也可以食用。

扁桃的硬殼（左圖）和裡
面的果仁（右圖）。它花
朵的外觀類似櫻花，果實
外觀與梅子相似。

澳洲胡桃的果實（左圖）、
帶硬殼的種籽（中圖），
以及果仁（右圖）。原產
地為澳州。

歐榛（榛果）帶硬殼的果
實（左圖）以及裡面的果
仁（右圖）。它是毛榛的
近緣種，果仁可以用來製
作糕點等等。

落花生（花生）帶殼的果
實（左圖）以及裡面的果
仁（右圖）。它是原產於
南美洲的豆科植物，果實
鑽入地面下發育。

美國山核桃（薄殼山核桃）
帶殼的果實（左圖）和果
仁。它是原產於北美的胡
桃科植物，很像是皮殼較
薄的核桃。

帶殼的開心果（左圖）以
及果仁（右圖）。它是原
產於地中海一帶的漆樹科
植物，剝開硬殼後，裡面
的綠色果仁可以食用。

7

全世界的果實和種籽

在世界各地，到處都有種種奇妙的種籽！到底有哪些呢？

山核桃

是胡桃科的堅果。靠野鼠或松鼠運送。帶殼的果實直徑有 3 公分。

火龍果

屬仙人掌科，果實豔紅甘甜。大蝙蝠食用果實，傳播種籽。直徑約 10~15 公分。

角胡麻

別名「惡魔之爪」。角胡麻有長度 5~7 公分的巨大棘刺，會扎入動物的腳上，藉此移動運送。

蠟燭木

像蠟燭似的黃色果實從樹幹垂下，滋味甜香。最大的果實可以長至 120 公分。

班克木

是巨大的聚合果。果實因森林野火而燃燒、開裂，種籽趁機被散播出去。高度可達 10 公分左右。

桉樹的近緣種

是澳洲原產的植物，種類多達五百種以上，果實外形巨大且多樣。

夏櫟
是歐洲森林的代表樹種，可發育成樹齡超過一千年的大樹。橡實的長度約為 3 公分左右。

鴨腱藤
長度可達 1 公尺的巨大豆莢分解後隨波漂流，可以漂到遙遠的海邊。它分佈的範圍很廣，從非洲到亞洲，從熱帶到亞熱帶都有它的蹤跡。

掌葉蘋婆
大型的紅色果實開裂後就能看到裡面的黑子種籽。一顆果實長約 7~10 公分。

海椰子
是全世界最大的種籽。最大顆的直徑有 30 公分，重量可達 20 公斤。

龍腦香

龍腦香科的近緣種
是叢林裡的巨型樹木。果實靠翅膀迴旋，含翅膀在內有 10~12 公分。

娑羅樹

海檬果
種籽的直徑有 10 公分。乘著海浪隨波漂流，可旅行至幾千公里外的地方。

榴槤
美味卻臭氣沖天。在森林裡，它是紅毛猩猩的食物。直徑有 20 公分。

濱刺草
生長在亞熱帶的沙灘上，果序在風中旋轉，散播種籽。果序的直徑有 30 公分。

翅葫蘆
是熱帶雨林的蔓性植物。翅膀寬幅有 15 公分。種籽可以飛到 100 公尺的高空。

後記

作者／多田多惠子

無法移動的植物以種籽的形態旅行。母株植物讓種籽帶上營養的便當，把它們裝入名為果實的容器中，或賦與翅膀，或賦與浮力，或藏入美麗的果皮或可口的果肉裡運送出去。如此一來，只要能夠利用風或是水的力量，或是吸引動物來食用，就可以讓種籽離開母株，到別的地方旅行了。

這本圖鑑裡介紹了許多大家實際可以拿在手上細細觀察，在居家附近或公園裡常見的植物，以及一些山裡可以看得到的植物。請以照片做為依據，試著查找一下吧！我收集到果實或種籽，也會興奮地將它們拍攝下來，切開來，摔摔看，記錄下來，測量長度。用自己眼睛去看、去體驗，這就是進入科學世界的法門。大家開心玩樂的同時，也請多多觀察植物各種不同的巧妙構造以及令人驚奇的運作機制吧！還有花期之後的變化以及種籽們的冒險旅程也別錯過了！

本書已到尾聲，對於不論是給予實際協助或是給予精神支持的每個人，包括描繪動人插畫的江口明美小姐，將帶刺蒼果或是櫻桃等水果剖面重拍再重拍的北村治先生，文一總合出版社的志水謙祐先生，ＪＳＴ（科學技術振興機構）Science Window 的佐藤年緒先生，小原流「插花」的上田佐津子小姐，The Big Issue（TBI／ビッグイシュー）雜誌的水越洋子小姐，福音館書店、山與溪谷社（無特定順序）以及ジーグレイプ株式会社的大家，我在此由衷地表達感謝之意。

你認識這些樹嗎？
160 種生活裡隨處可見的樹木果實全圖鑑

大人のフィールド図鑑　原寸で楽しむ 身近な木の実・タネ 図鑑＆採集ガイド

作　　者：多田多惠子	發　　行：遠足文化事業股份有限公司
責任編輯：黃佳燕	地　　址：231 新北市新店區民權路 108-2 號 9 樓
封面設計：比比司設計工作室	電　　話：（02）2218-1417
內頁編排：王氏研創藝術有限公司	傳　　真：（02）2218-1142
印　　務：江域平、黃禮賢、李孟儒	電　　郵：service@bookrep.com.tw
	郵撥帳號：19504465
出版總監：林麗文	客服電話：0800-221-029
副 總 編：梁淑玲、黃佳燕	網　　址：www.bookrep.com.tw
主　　編：高佩琳、賴秉薇、蕭歆儀	
行銷企畫：林彥伶、朱妍靜	法律顧問：華洋法律事務所　蘇文生律師
	印　　刷：通南印刷有限公司
社　　長：郭重興	初版一刷：2022 年 08 月
發行人兼出版總監：曾大福	定　　價：400 元
出　　版：幸福文化／遠足文化事業股份有限公司	
地　　址：231 新北市新店區民權路 108-1 號 8 樓	
網　　址：https://www.facebook.com/	
happinessbookrep/	
電　　話：（02）2218-1417	
傳　　真：（02）2218-8057	

國家圖書館出版品預行編目資料

你認識這些樹嗎？ / 多田多惠子著 . -- 初版 . -- 新北市：幸福文化
出版社出版：遠足文化事業股份有限公司發行 , 2022.08
ISBN 978-626-7046-95-1(平裝)

1.CST: 樹木 2.CST: 果實 3.CST: 植物圖鑑
436.1111　　　　　　　　　　　　　　　111009585

OTONA NO FIELD ZUKAN:
GENSUN DE TANOSHIMU MIJIKANA KINOMI・TANE ZUKAN & SAISHU GUIDE
by Taeko Tada
Copyright © Taeko Tada, 2017
All rights reserved.
Original Japanese edition published by Jitsugyo no Nihon Sha, Ltd.
Traditional Chinese translation copyright © 2022 by Happiness Cultural Publisher, an
imprint of Walkers Cultural Enterprise Ltd.
This Traditional Chinese edition published by arrangement with Jitsugyo no Nihon Sha,
Ltd., Tokyo, through HonnoKizuna, Inc., Tokyo, and Keio Cultural Enterprise Co., Ltd.